はじめて学ぶ哺乳類

山本俊昭 著

文一総合出版

はじめに

日本にはどんな哺乳類がいるのでしょうか。かれらはいつ、どのようにして日本に来たのでしょうか。また、日本にどのぐらいの個体数が生息しているのでしょうか。そんな素朴な疑問に答えるような本を作りたいと思ったきっかけは、ふと目にした新聞記事にあります。その記事には、大学生に対し「日本にはどんな野生動物が生息しているのか」を聞いたところ、ブタと答えた学生がいたと書かれていました。このように答える学生は決して多くないと思いますが、都会に住んでいると、動物はあまり身近な存在でなくなっているのかもしれません。

現在日本では、大都市に住んでいるヒトの割合が総人口の5割ほどであり、その割合はますます増加することが予想されています。今後さらに多くの方々が、シカやイノシシなど野生動物をふだん見ることがない環境で生活することになるでしょう。私が在籍している大学の獣医学部にいる学生は、動物が好きで、動物のことを知りたくて大学に入ってきています。そのような学生たちでも、最初の講義に「野生動物を実際に見たことがあるのか」を聞いてみても、「見たことがない」と答える人がたくさんいます。これは、森林がある地域で生活している学生が少ないことに加え、森林に入っても簡単には哺乳類の姿を見ることができないためということもあるでしょう。

一方、近年のニュース等で、東京都内にサルやシカが出没したことを見聞きすることもあるかと思います。それなのに「野生動物を見たことがない」と答える人が多いのは、きっと「我々が生活しているこんなところに野生動物なんているはずがない」という思いが根底にあるからなのではないでしょうか。でも実は、東京都にはツキノワグマやカモシカも含めた43種の在来哺乳類が分布しています（多くは23区外に分布していますが）。意外でしたか？　何事も同じですが、そのことについて興味や関心が低ければ、見ているようで意外と気づかないものです。

近年ではクマやシカ、イノシシの分布が拡大していて、多額の農作物・林業被害、さらには人身事故が起きているという現状があります。このことについては、動物から被害を受けた内容のみならず、野生動物の怖さを煽るような報道も少なくないように思います。こうしたことは、野生動物を見たことがなく、自分の生活とは無関係の人にとっては、無意識のうちに野生動物の生態を偏って理解する機会になっているのではないでしょうか。仕方がないことではあるのですが、野生動物に接する機会が少ないままに、偏った動物の認識が拡がっていることを、私は少し憂いていました。そこで、哺乳類に対し興味を持つきっかけをつくれたらと思ったのが、この本を書くきっかけの1つです。

これまでにも、哺乳類に関する本は数多く出版されてきました。専門的な書籍から、特異的な生態を面白く伝えることに重点を置いた一般書や図鑑までさまざまです。それだけ哺乳類のことを知ってみたいと思う方々が多くおられるということなのでしょう。私も、幼いころから図鑑や動物番組を見て、哺乳類を対象とした仕事をしてみたいと思った一人です。最初の夢は動物園の飼育係でした。ただ、中高生時代を思い返してみると、哺乳類のことを本で学んだことによってのめり込むよりも、漠然と憧れを抱いたところで留まっていたようにも思います。今ならインターネットでさまざまな情報を得ることはできるのかもしれませんが、自分がのめり込むまではいかなかった背景に、中高生が体系立てて学ぶことができる本が少なかったことがあったのかもしれません。

そんな過去の自分をふり返り、漠然と憧れを抱く中高生や大学生が、具体的に哺乳類のことについて学ぶことができる導入本を作りたいという思いもありました。それぞれの本には、想定する読者がいて、それに合わせて構成されているわけですが、中高生や大学生を対象とした学問の入門書は意外と少ないようにも思っています。あまりにも専門的な本となれば、その道に進む方々が主な対象であって、高校生や大学生がなかなか手に取りにくいことかと思います。一方で、面白い生態や形態の側面だけを伝える本では学問を学びたいと思う若者には物足りなさもあるでしょう。哺乳類に関心を持つきっかけはさまざまかと思いますが、本書が哺乳類のこと、動物のこと、生物のことをもっともっと知ってみたい気持ちを生み出す機会となり、学ぶことの始まりとなれば、これほど嬉しいことはありません。それでは、哺乳類のことを一緒に学んでいきましょう。

はじめて学ぶ哺乳類　目次

第3章　哺乳類のくらしを知る　97

コラム

第1章 哺乳類ってなんだろう

日本にはたくさんの動物園があります。令和6年現在、日本動物園水族館協会に登録されている動物園は89園にのぼります。東京都だけでも8つの施設が登録されています。その施設の1つである上野動物園では約100種の哺乳類が展示され、なんと1年間で約300～400万人が来園しています。全国の動物園の合計となれば、約4000万人が来園しています。この数字は、世界中を見渡しても非常に高い数字です。おそらく、多くの日本人が哺乳類に関心を寄せていることのあらわれなのでしょう。

動物園への来園者は、可愛らしい動物の姿や行動をみて、観察した動物に興味を持ち、その種の名前や生息場所などを知ることでしょう。このようなことが1つのきっかけとなり、その道の専門職を目指す方もいるかと思います。しかし、多くの方々は動物の名前などを知り、動物に関心は持つものの、生態や形態など「哺乳類のこと」

を深く学ぶまでに至らないのがふつうではないでしょうか。

身近な哺乳類といえば伴侶《はんりょ》動物のイヌやネコでしょう。現在、日本で飼育されている頭数はおよそ1800万頭です。イヌやネコが家族の一員になり、少しでも健康でいてほしいという願いから、かれらの行動や生態などを学ぶ方も多いと思います。ただ、伴侶動物だけをよく理解しても、「哺乳類のこと」を知ったとは言えないでしょう。地球上には、野生の哺乳類が多数生息しています。伴侶動物や産業動物が、野生の哺乳類を改良した種であることを考えれば、かれらの分類や生態、それに形態など幅広く理解することこそ、「哺乳類のこと」を知ることなのではないでしょうか。

第1章では、「哺乳類のこと」を学ぶ入り口として、まずは地球上にどれだけの哺乳類がいて、その中で日本にどんな哺乳類がいるのかを整理し、それらの哺乳類が日本にいつ現れたのかなどについてみていくことから始めてみようと思います。

1-1 そもそも哺乳類とは？

これから学ぶ哺乳類は生物です。そして動物です。このことを誰も疑うことはないと思います。当たり前のことすぎて、なぜこんなことをあえて書くのか、疑問に思うかもしれません。しかし、ちょっと考えてみましょう。サルやシカなどの生物はスマホやロボットなどの非生物と何が違うのでしょうか。反対に、哺乳類とミドリムシ

伴侶動物

コンパニオンアニマルとも呼び、家族の一員として飼育している動物（イヌ・ネコ・ウサギ・鳥など）を指す。

産業動物

人の生活や産業活動に役立てることを目的に飼育される動物を指す。食物生産にかかわるブタやウシなど、皮革を利用する動物、薬などの開発に用いられる実験動物などが含まれる。

などの単細胞生物は、生物としてどのような共通点があるのでしょうか。

さらに、生物にはさまざまな名前があります。例えば哺乳類なら、ヒグマやツキノワグマなど、種類ごとに名前がついていますね。これを「種名」といいます。種名があるということは、それぞれが別の種であることを表しています。そうすると、ヒグマとツキノワグマはともに生物であり、動物であるという共通点がある一方で、何らかの相違点があるから別の種名がついているということになります。では、種名はどのような基準でつけられているのでしょうか。

哺乳類が生物であり、それぞれに名前があることは当然すぎて、わざわざ考えるようなことでもないと思うかもしれません。なぜそんなことを考えなければならないのかと思いながら、この節を読んでみてください。

生物の3つの共通点

全ての生物には大きく3つの共通点があります。それぞれを見ていきましょう。

①体が細胞でできている

細胞は生物の基本単位です。細胞がない生物はいません。たった1つの細胞が生きるための全ての働きを持つ生物もいれば、役割や機能が異なる細胞が集まり個体となっている生物もいます。前者を「単細胞生物」、後者を「多細胞牛物」と呼んでいます。

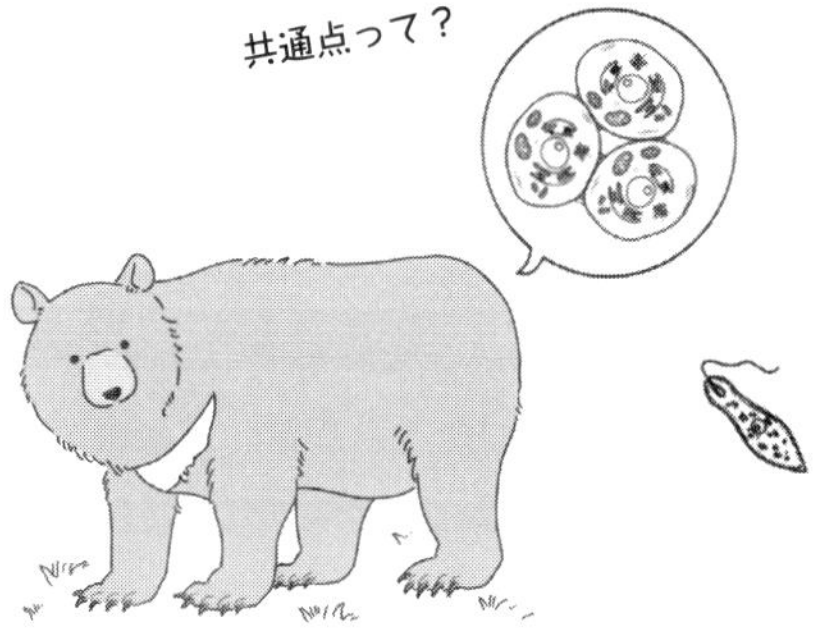

多細胞生物ツキノワグマ　　単細胞生物ミドリムシ

また、生物の基本単位である細胞には大きく分けて２つの種類、原核細胞と真核細胞があります。２つの細胞の違いは、遺伝情報をもった染色体が核膜によって覆われているか否かです。核膜によって覆われた、いわゆる核をもっているのは真核細胞だけです。しかし、いずれにしても外界と区切られた細胞膜をもち、その中に染色体を含む細胞からできていること、これが生物の１つ目の共通点です。

②エネルギーを取り込む

生物は大きく、植物と動物、それに菌類、原生生物、原核生物に分かれます。植物は、太陽の光エネルギーを取り込んで光合成を行い、二酸化炭素などの無機物から有機物をつくることによって新しいエネルギーをつくり、生命を維持しています。このような有機物を自身で合成する生物を「独立栄養生物」と呼びます。

それに対し動物や菌類は、自分自身で有機物を合成することができません。ですので、植物や他の動物を食べることで有機物からエネルギーをつくり、生命を維持しています。このような生物を「従属栄養生物」と呼びます。原生生物と原核生物は、独立栄養と従属栄養の両方を含んでいます。

いずれにしても、全ての生物は、外界から光エネルギーや有機物を取り込み、化学反応によりエネルギーを生み出し、生命を維持しています。これが生物の２つ目の共通点です。

従属栄養生物

独立栄養生物

③遺伝子を受け継ぐ

自身と同じ種の新しい個体をつくることを生殖と呼び、生殖のためにつくられた細胞を生殖細胞といいます。生殖細胞には遺伝子が含まれていて、新しい個体に遺伝情報を伝える役割があります。これらの遺伝情報が親から子に伝わることによって同じ種が生まれ、似たような個体が誕生するわけです。

成熟した生殖細胞である配偶子の合体によって新しい個体が生まれる生殖方法を有性生殖と呼びます。一方、配偶子を介さずに新しい個体が生まれる生殖方法を無性生殖と呼びます。無性生殖では、親の体が一部分離、あるいは分裂して新しい個体が生まれます。ですから、無性生殖の場合、親と子の細胞は基本的に同じ遺伝情報を持つことになります。

有性生殖と無性生殖、方法は違ってもどちらも細胞によって自らの遺伝情報を子孫に受け渡すことが行われています。このことが生物の3つ目の共通点です。ちなみに、生物が自身と同じ遺伝子を持つ細胞や個体を作ることを「自己複製」と呼びます。

哺乳類は生物である

あらためて生物の定義から哺乳類について考えてみましょう。哺乳類は、体が細胞でできています。そして、植物や動物を食べることでエネルギーをつくり、生命を維持しています。さらには、精子や卵といった配偶子をつくり、子孫を残すことで世

生殖細胞
体細胞とは異なり繁殖に用いる特別な細胞で、オスであれば「精子」、メスであれば「卵」がそれにあたる。

代が脈々と続いていきます。「細胞による体」、「エネルギーによる生命維持」、「自己複製」の3つの共通点全てが当てはまることから、「哺乳類は生物である」といえます。

さらには、哺乳類は自由に動くことができる生物であり、かつ他の生物が生産した有機物を摂取することにより生きることができる生物であることから、動物であるとも言えます。ただし例外はあって、動物の中には運動性がない種もあります。また、植物であっても従属栄養生物の種も存在します。全ての動物を網羅する定義をつくることは簡単ではないのですね。

コロナウイルスは生物か、無生物か

近年、新型コロナウイルス感染症が世界中で大流行しました。このコロナウイルスは生物なのか、それとも生物ではないのか。実は難しい質問なのです。コロナウイルスは、感染によって増殖していくことで「自己複製」は行うことから、生物のように思います。実際に、このことで生物であるとする研究者もいます。しかし、コロナウイルスは「細胞による体」はなく(エンベロープという膜はあるのですが)、「エネルギーによる生命維持」を行っていません。生物の3つの特徴に当てはまらないので、ウイルスは生物ではないということになります。ウイルスとは何かということにはさまざまな考え方があって、現在は生物と無生物の中間的な存在とされています。

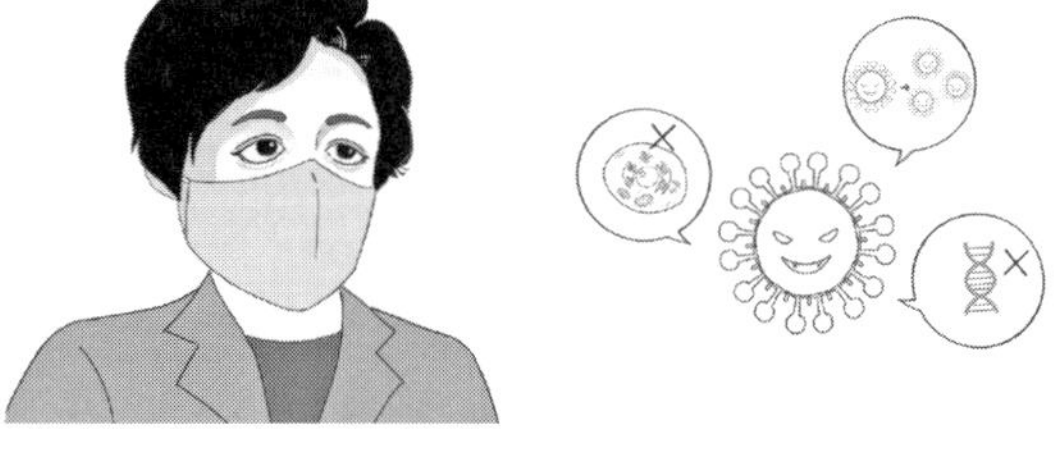

「種」の基準

以上のように、生物と非生物の違いは、生物の共通点から理解できます。では、同じ共通点を持つ生物をどのような基準で「種」に分けていくのでしょうか。相違点があるからこそ分けているはずですが、それはどのような点なのでしょうか。

多くの方は、見た目の特性で種を判別しているだろうと考えたでしょう。オランウータンを見たときに、その個体をヒトやニホンザルと間違えることはないでしょう。それは、形態的特性から別種であると見分けているからです。このように形の違いで種を識別する考え方を「形態的種概念」といいます。

では、姿かたちがよく似た場合はどうでしょうか。マレーシアやインドネシアなどの国があるボルネオ島とスマトラ島にはオランウータンが生息しています（**図1-1**）。2つの島のオランウータンは、姿かたちがよく似ていることから、長い間同じ種とされてきました。ところが、2000年以降になって、犬歯の特性や体毛の色など形態的な特性に加えて、生態および遺伝的な違いを調べていったところ、ボルネオ島とスマトラ島のオランウータンは2つの亜種あるいは別種とすべき違いを持つこと、さらにスマトラ島のオランウータンを2つの種類に分けるべきだろうということがわかっ

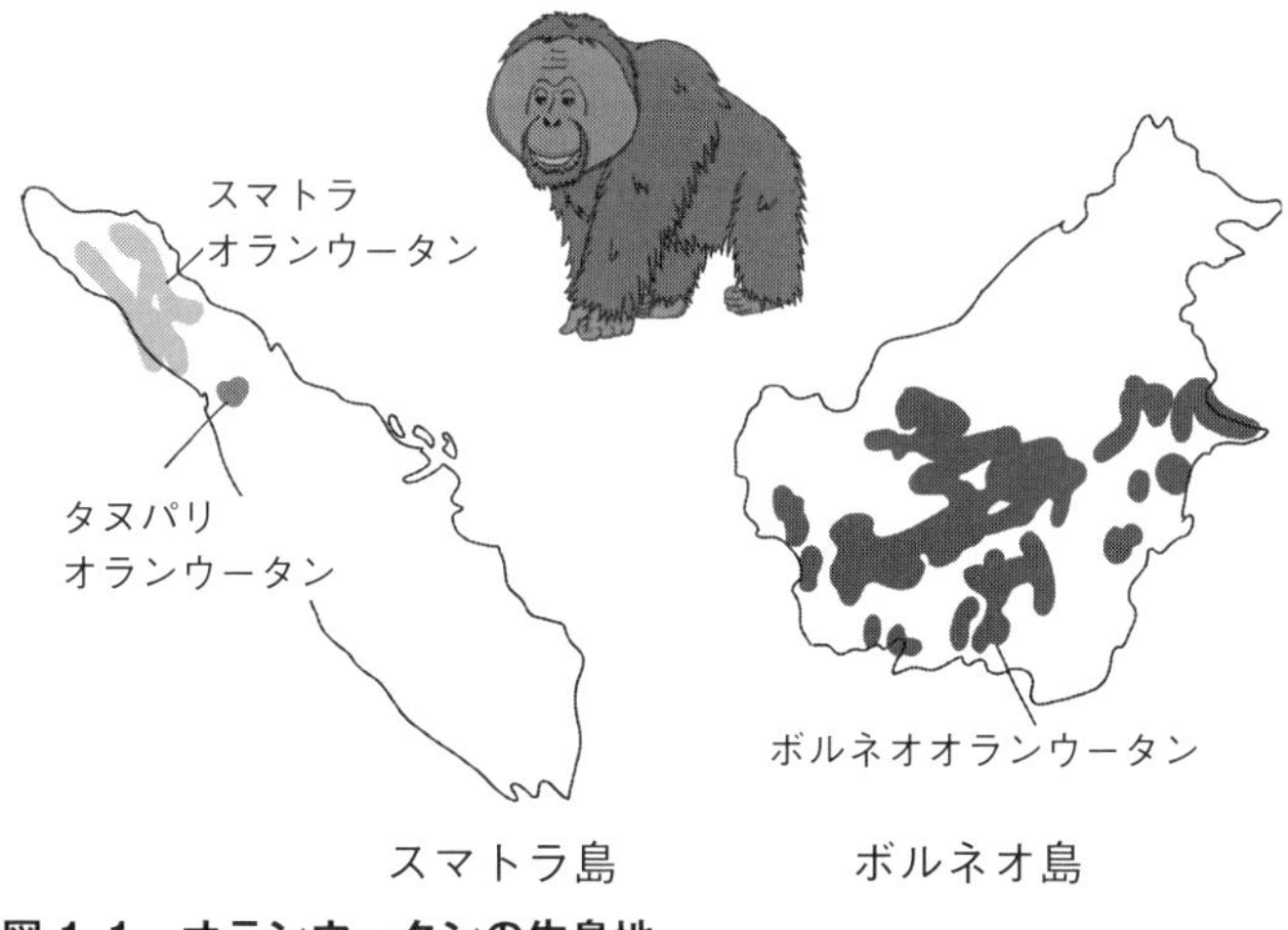

図 1-1　オランウータンの生息地

てきました。

この例からわかるように、姿かたちの違いだけで種を分けるのは難しそうです。また、どこまで形態的・遺伝的な違いがあった場合に別種（あるいは亜種）とすべきか、基準の問題も残ります。実は、種を分類するという課題に対し、これまでに20以上の概念が提唱されてきています。しかし、いまだに統一した見解はありません。生物に種名があることは当たり前のように感じますが、生物の種の単位を決めるのは難しいことなのです。

それでも種の範囲を決め、見分けることは重要です。それを決める際、現在最も一般的に用いられているのは「生物学的種概念」といわれる考え方です。これは「自然条件下で交配し、配偶子を介して子孫ができる場合に、2つの個体を同種と見なす」といった考えです。裏を返せば、子孫ができなければ、それらの個体は別種ということです。

これは納得のいくうまい考え方のように見えますが、完璧ではありません。有性生殖の場合は配偶子の接合によって子孫を残しますが、無性生殖の種の場合は、先ほども説明したように分裂によって子孫を残します。交配による繁殖ではありません。したがって、生物学的種概念に当てはめると、全ての個体が別種になってしまいます。これは現実的な捉え方ではありません。また、すでに絶滅してしまっていて、化石しかない種の場合には、生殖隔離があるかどうかを確認しようがありません。全てに当てはめることができる万能な定義はないので、さまざまな種概念が提案されていると

亜種
種の下の分類階級。形態的な違いは見られるが、別種とするほど大きな違いではないグループどうしを分ける際の区分。

生物学的種概念
ドイツで生まれ、ハーバード大学で教鞭をとった生物学者エルンスト・マイヤー（１９０４〜２００５）が提唱した概念。

も言えます。

近年では、遺伝子解析の手法が飛躍的に発展しています。遺伝情報に基づき、亜種レベルでの違いなのか、あるいは別種なのかなどの検討が進んでいます。遺伝情報だけでなく、生態的特性や形態的特性も含めて検討していくことによって、これまで同種と思われていた種が別種となったり、反対に姿かたちは違うけれども実は同種であったなど、これからもさまざまな発見があると思われます。

哺乳類の場合は種の分け方が問題になることはさほど多くないのですが、昆虫や植物などでは形態的特性だけでは種の区分が難しいケースはたくさんあります。別種とするのか、同種とするのかをどのように判断すべきなのか、「種」の定義というのは意外と難しいことを理解していただければと思います。

生殖隔離
異種間で交配が起きない、起きたとしても繁殖力のある子孫が残せない状態を指す。

学名と標準和名

種として分けられているということは、国際動物命名規約に基づき学名がついているということでもあります。学名は、世界共通の命名基準が設けられていて、事細かくルールが決まっています。その1つに二名法《にめいほう》と呼ばれる表記方法があります。これは「分類学の父」と呼ばれるカール・フォン・リンネ（1707〜1778）によって提唱された表し方であり、ラテン語を用いて最初に属名、その次に種小名で表す方法です。属名《ぞくめい》の頭文字は大文字、種小名《しゅしょうめい》は小文字から始め、ラテン語であることから

国際動物命名規約
動物命名法国際審議会が著した動物の学名を決めるための国際的な規約である。

斜体字で表します。また、亜種の名前は二名法を基に三名法によって記載されます。さらには、命名者とその記載した年をつける場合もあります。例として、日本にいる6種の哺乳類の学名、命名者および記載年を**表1-1**に示します。

哺乳類では、学名だけでなく「標準和名」もついています。標準和名は、その生物が関連する日本国内の学会が管轄し、名前を検討しています。例えば、哺乳類の名前であれば、日本哺乳類学会の委員会が中心となって検討していて、日本に生息する哺乳類だけでなく、世界各国に生息する哺乳類にも標準和名をつけています。そのような標準和名を各種につけることによって、ホッキョクグマといえば、日本人なら同じ動物を頭に浮かべることができるわけですね。

日本哺乳類学会

哺乳類に関する知識の進歩と普及を図り、会員の交流を促すことを目的とした学術団体。2023年に創立100年を迎えた。

表 1-1　大型哺乳類の標準和名と学名

（Ohdachi et al., 2015 による）

標準和名	属名	種小名	命名者	年
ヒグマ	*Ursus*	*arctos*	Linnaeus	1758
ツキノワグマ	*Ursus*	*thibetanus*	G. Cuvier	1823
イノシシ	*Sus*	*scrofa*	Linnaeus	1758
ニホンカモシカ	*Capricornis*	*crispus*	Temminck	1836
ニホンジカ	*Cervus*	*nippon*	Temminck	1836
ニホンザル	*Macaca*	*fuscata*	Blyth	1875

さまざまな名前

古くは、奈良時代のころ記述された「日本書紀」（720年）にも動物名が記載されています。少なくともその当時は、ニホンジカは「カ」であり、イノシシのことは「ウィ（イ）」と呼んでいたようです。現在でも、仔ジカのことを鹿《か》の子《こ》といったり、十二支のイノシシを「亥《い》」と呼んでいますね。ちなみに、獣肉のことを「シシ」といっており、「カノシシ」といえばシカ肉、「イノシシ」といえばイノシシ肉を指していました。現在では「イノシシ」が動物名ですが、一昔前は肉の種類を指していたのですね。

標準和名が広がる前は、今以上に地方ごとに独自の名前がありました。特にニホンカモシカにはさまざまな地方名があったようです。毛色の特性から「アオシカ」、「スス」と呼ぶ地域、形態的特性から「タンカク」、「イッポンヅノ」などと呼ぶ地域もあったようです。さらには年齢によって違った名前をつける地域もありました。このことは、ニホンカモシカが山深い環境で生活をする人々の生活に大きくかかわっていたことを裏付けています。

また、ニホンジカやイノシシのように農作物を荒らすほどまでに里山を利用しない、ヒトとの距離があって、山奥に生息する動物であったからこそ、各地域および集落において独自の名前が生まれたようにも思えます。

1-2 グループ分けのルール

哺乳類の種数

種の定義に課題はあるものの、形態的な特性や遺伝的な特性から区別されることを前節で学びました。その基準に基づき現段階で分類されている哺乳類は、すでに絶滅した種を含め、世界で6500種ほどです（**表1-2**）。そのうち約110種が海に生息する海棲《かいせい》哺乳類です。もちろん、これで地球上に生息する全ての種が把握できているわけではなく、未だに把握されていない哺乳類がいます。近年でも、2013年にブラジルとコロンビアに生息するカボマニバクが、新種として発見されました。2022年にはミャンマーのホッパ山に生息するホッパラングールというサルが新種として記載されました。また、海棲哺乳類でも10メートルを超えるツノシマクジラが、21世紀になってから新種として発見されていて、毎年種数は増えている状況です。

哺乳「類」は哺乳「綱」である

ここでは、分類のルールを見ていきましょう。「分類」とは似たものどうしでグループ分けしていくことです。生物の大きなグループ分けの仕方として、ロバート・ホイッ

カボマニバク
2013年に新種として報告された。鯨偶蹄目としては100年以上ぶりの新種発見であった。ただ、アメリカバクの亜種ではないかという意見もある。

ツノシマクジラ
21世紀に入ってから新種として英国の科学雑誌ネイチャーに日本人が報告。山口県の角島で初めて見つかったことからツノシマという標準和名がついている。

表 1-2　全世界の哺乳類の内訳（絶滅種 104 種を含む）

	目	科	属	種
原獣亜綱（単孔類）	単孔目	2	3	5
後獣下綱（有袋類）	小丘歯（しょうきゅうし）目	1	3	7
	オポッサム形（けい）目	1	18	120
	ミクロビオテリウム目	1	1	1
	フクロモグラ形（けい）目	1	1	2
	バンディクート形（けい）目	3	8	24
	フクロネコ形（けい）目	3	19	77
	双前歯（そうぜんし）目	11	41	154
真獣下綱（有胎盤類）	ハネジネズミ目	1	5	20
	アフリカトガリネズミ目	3	20	55
	管歯（かんし）目	1	1	1
	長鼻（ちょうび）目	1	2	3
	イワダヌキ目	1	3	5
	海牛（かいぎゅう）目	2	3	5
	被甲（ひこう）目	2	9	21
	有毛（ゆうもう）目	4	5	16
	齧歯（げっし）目	35	519	2592
	兎形（とけい）目	3	13	98
	登木（とうぼく）目	2	4	23
	皮翼（ひよく）目	1	2	2
	霊長（れいちょう）目	19	84	520
	真無盲腸（しんむもうちょう）目	5	60	547
	翼手（よくしゅ）目	21	232	1423
	奇蹄（きてい）目	3	8	19
	鯨偶蹄（くじらぐうてい）目	23	136	498
	食肉（しょくにく）目	16	129	308
	鱗甲（りんこう）目	1	3	8
	計	167	1332	6554

後獣下綱
現生の有袋類と絶滅した有袋類以外の種を含む分類群。有袋類のみのグループを厳密に記載すると「後獣下綱有袋上目」となる。

鯨偶蹄目
遺伝子解析の結果、鯨目は偶蹄目と非常に近縁であることが分かり、近年では鯨偶蹄目と表すことが多い。

タカー（1920〜1980）が提唱した五界説があります。これは、生物を動物界・植物界・菌界・原生生物界およびモネラ界の5つの界《かい》に分ける考え方です（**図1-2**）。動物界・植物界・菌界・原生生物界は真核生物ですが、モネラ界は原核生物です。モネラ界は聞きなれない分類かと思いますが、酵母《こうぼ》菌や納豆《なっとう》菌、それに乳酸菌などの微生物が含まれるグループであると言えば実感がわくでしょうか。

界に分けたグループは、さらに細分化していくことができます。界の下の分類階級には、門《もん》・綱《こう》・目《もく》・科・属・種があります（**図1-2**）。このように哺乳類を分類階級で見ると、動物界、脊索《せきさく》動物門、哺乳綱にあたります。分類学的には、哺乳「類」ではなく、哺乳「綱」が適切な表現です。

「類」が指す分類階級はあいまいなところがあります。例えば、霊長《れいちょう》類を霊長目と同じ意味で使う場合などが多くあり、この場合の「類」は分類階級での「目」を指しています。哺乳類の「類」は分類階級の「綱」を指していて、同じ「類」でも異なった分類階級を指してしまっているのです。ふだんの会話では、「類」がどの分類階級を指しているのかについて考えることなどないかと思いますが、分類階級を厳密に表現する場合は哺乳類よりも哺乳「綱」のほ

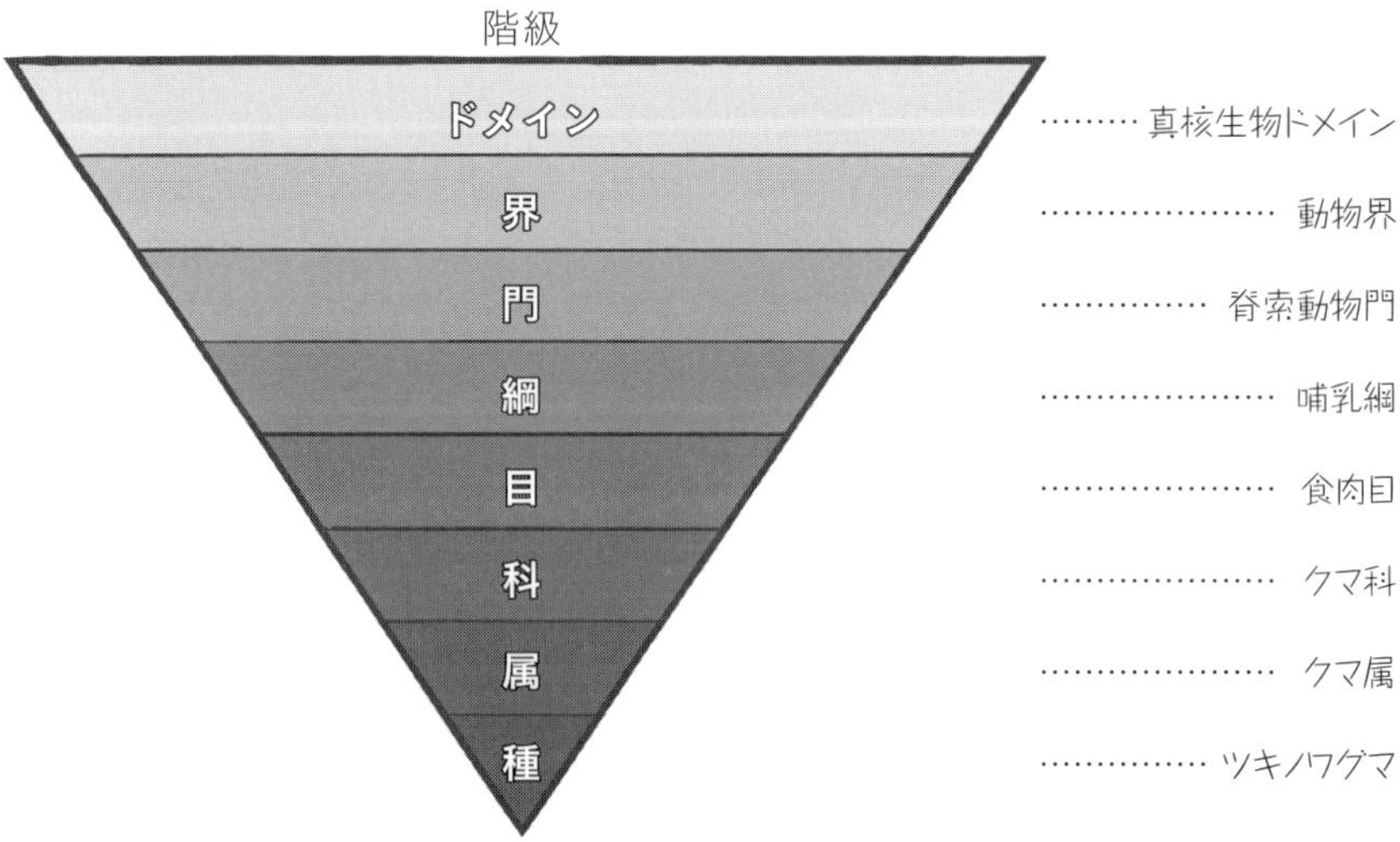

図 1-2　分類階級（例：ツキノワグマ）

うが適切でしょう。鳥類も鳥「綱」、爬虫《はちゅう》類も爬虫「綱」のほうが適切です。ただし、哺乳類のほうが圧倒的になじみ深い言葉なので、本書では慣習に従い「哺乳類」で統一しています。とはいえ、哺乳類は分類階級であれば「綱」であることを覚えておいてください。

近年では、遺伝学的手法の発達に伴い、生物全般が共通して持っているリボソームRNAを解析し、それに基づく分子系統が提唱されています。この考え方では、界より上位の「ドメイン」という分類階級を設け、生物を真正《しんせい》細菌、古《こ》細菌、真核生物の3つのドメイン（超界《ちょうかい》）に分けています（**表1-3**）。ドメインで見ると、五界説での原生生物界、植物界、菌界、そして動物界が真核生物ドメインに含まれます。これらの生物はみな核を持っている真核生物であるという共通点があります。一方で、五界説では核を持たない原核生物であるモネラ界とした生物が2つのドメインに分かれて、真正細菌ドメインと古細菌ドメインになっています。

哺乳類は少数派

真核生物ドメインの動物界に、現段階でおよそ154万種が分類されています。動物全般で見ると毎年相当な種数が発見されているので、記載されていない生物はまだまだ多くいると考えられます。900万種ほどいるのではないかなどという推定もあります。

ロバート・ホイッタカー

アメリカの生物学者（1920〜1980）。1969年に五界説の分類体系を提唱した。

リボソームRNA（rRNA）

リボソームという細胞内でタンパク質合成を行う構造の主要構成要素の1つ。リボソームは、タンパク質とrRNAが結合して構成されていて、rRNAはその中で非常に重要な役割を果たしている。

表1-3　ドメインと界

界	ドメイン
動物界	真核生物ドメイン
植物界	
菌界	
原生生物界	
モネラ界	古細菌ドメイン
	真正細菌ドメイン

現在わかっている動物（界）の種数が154万種、そのうち哺乳類の種数は約6400種です。割合で見ると、哺乳類はわずか0・4％でしかありません。圧倒的に少数グループの動物だということがわかります。では、最も大多数の動物グループは何でしょうか。それは、約125万種いる昆虫類（昆虫綱）になります。動物の実に8割以上は昆虫なのです。

最近、「犬や猫は大好きだけど、昆虫は苦手」という方が多くなっているように思います。けれど、そのような人たちも「動物が好き」と言うことがあります。少し捻くれた見方ですが、動物の多くは昆虫なので、「動物が好き」は「動物の多数派である昆虫のことも好き」と言っているように、私には聞こえます。もちろん、そう言っている方はそんなことを思ってはいないでしょう。でも、動物界には、昆虫が圧倒的に多いことを頭に留めていただけたらと思います。

哺乳類の4分の1は翼を持っている

さて、哺乳類（綱）の下位の分類群を見ていきましょう。まずは原獣亜綱《げんじゅうあこう》（単孔類《たんこう》）、後獣下綱《こうじゅう》（有袋類）および真獣下綱《しんじゅう》（有胎盤類《ゆうたいばん》）に分けられます（**表1-2**）。「下綱」と「亜綱」は、先ほどお話しした「綱」と「目」の間の分類階級です。「綱」ほどには大きな分類階級ではなく、「目」ほど小さな分類階級でない場合に用います。ここでは、単孔類や有袋類のほうがなじみがありますので、こちらを使ってお話ししていきます。
単孔類は、カモノハシやハリモグラのように、哺乳類でありながら卵を産む動物です。２０２１年になって単孔類の全ゲノムが解析され、哺乳類が鳥類・爬虫類と分かれたのは３億年ほど前と推定されています。そして、誕生した哺乳類全体の祖先から単孔類が現れたのが１億８７６０万年前と推定されています。単孔類は、現存する哺乳類として最も古いグループであり、現在オーストラリアとニューギニア島にしか生息していません。

有袋類は、子宮内では胎仔《たいじ》を大きく育てることができず未熟仔で出産し、育児嚢《いくじのう》と呼ばれる袋で子育てをする動物を指します。オーストラリアなどに生息するコアラやカンガルーが代表的ですが、北アメリカ大陸や南アメリカ大陸に分布しているキタオポッサムも有袋類の一種です。有胎盤類とはおよそ１億６０３０万年前に分かれたと推定されています。有胎盤類とは、読んで字のごとくであり、「胎盤《たいばん》」を通じて母親と胎仔がつながり、胎仔を育てる仲間を指します。私たちヒトもこのグループです。この「胎盤」については**2章**の**特徴2**で詳しくお話しします（52ページ）。

これらの３つのグループを「目」レベルで分けると27目、科では１６７科、属では１３３２属、種では６５５４種に分けることができます（**表1-2**）。27目のうち、1目は単孔類（原獣亜綱）、7目は有袋類（有袋下綱）、19目は有胎盤類（真獣下綱）に属します。それぞれの分類群の種数で見ると、単孔類は5種、有袋類は３８５種、有胎盤類が６１６４種で、哺乳類の圧倒的多数が有胎盤類であることがわかります。

全ゲノム
全てのＤＮＡ塩基配列をさす。ヒトであれば30億の塩基配列である。近年では全ゲノム解析によるＤＮＡ配列の解読技術が発展していて、さまざまな生物のＤＮＡ配列がデータベース化されている。

オポッサム科
オポッサム科は南米を中心に１２０種以上知られているが、その中でキタオポッサムは北米に分布する唯一の有袋類。捕食者であるキツネなどに出会うと死んだふりをする。

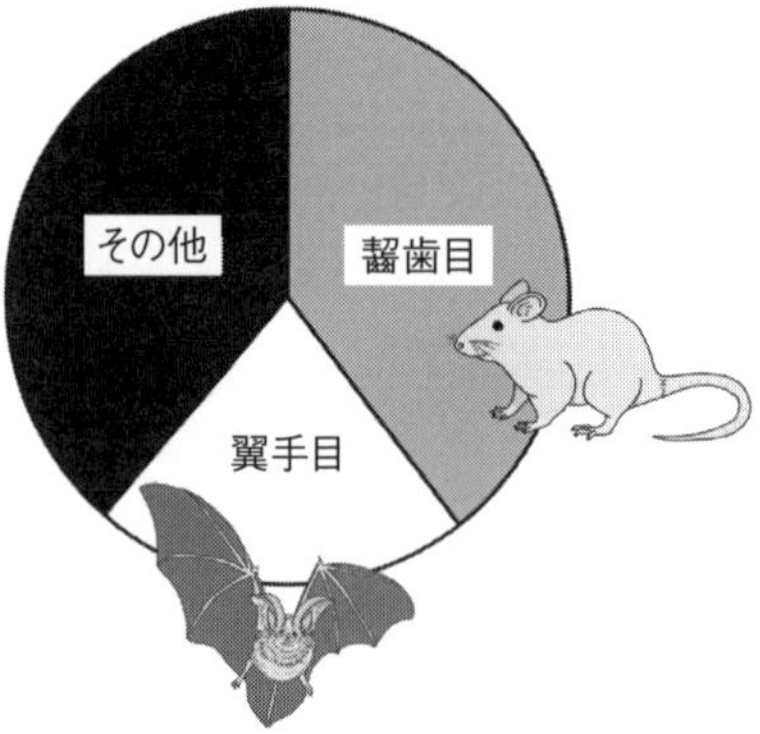

図 1-3　哺乳類の４分の１は翼手目

　では、もっと細かい内訳はどうでしょう。大学の講義で学生に「どんな哺乳類がいるかを挙げてみて」と質問すると、多くの学生はライオン、キリン、クマなど大型の哺乳類を挙げてきます。大きな動物は目立つので、「哺乳類と言えばライオンみたいな大型の動物」と思う気持ちはわかりますが、実際に多くの種を含む目は、齧歯《げっし》目の約２６００種と翼手《よくしゅ》目の約１４００種なのです。ネズミ（齧歯目）とコウモリ（翼手目）の仲間、これら２つの目だけで哺乳類の６割程度を占めています（**図１－３**）。これらの種は小さいうえに、夜行性で目立たず、多くの方々はすぐには頭に浮かばないのかもしれません。

　反対に哺乳類のうち最も種数が少ない目は管歯《かんし》目で、アフリカのサバンナなどに生息するツチブタの１種のみが含まれます。１目の中に１科、１属、１種しかいないのです。また、皮翼《ひよく》目も１科２属２種しかいません。マレーヒヨケザルとフィリピンヒヨケザルです。サルと名前がついていますが、霊長目とは異なります。管歯目や皮翼目のような少ない種数しかいないグループがどのようにして地球上に誕生したのか、そして、どのような進化があったのか、いろいろと興味がわくところです。

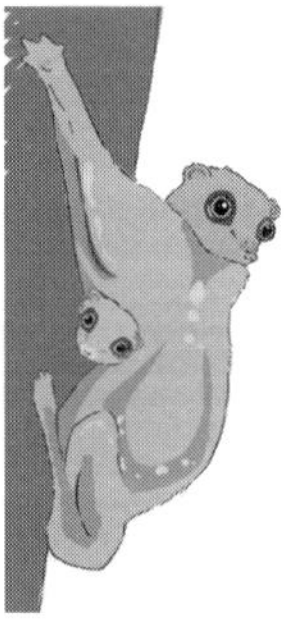

皮翼目は１科２属２種（フィリピンヒヨケザル）

管歯目は１科１属１種（ツチブタ）

1-3 日本にすむ哺乳類

日本には何種類の哺乳類がいるのか？

前節では、世界の哺乳類の種数やそれらの分類について学びました。そこで日本にはどのぐらいの種数がいるのかが気になった方もいるでしょう。答えは、外来種（14種）と絶滅種（5種）を除いて150種です。そのうち陸棲哺乳類は101種で、残りの49種は海棲哺乳類です。世界には6450種もの哺乳類がいることを考えると、意外に少ないと感じるかもしれません。しかし、日本の陸地面積は37・8万平方キロメートルで、地球全体の陸地のわずか0・25％しかありません。その小さな陸地面積の島国に全哺乳類の約2％（6450種中150種）がいるわけなので、決して少なくはないと言えるでしょう。

では、150種の内訳をみていきましょう。有胎盤類19目のうち、日本には8目が分布しています（**表1-4**）。日本の哺乳類相は、世界と同様にネズミ（齧歯目）とコウモリ（翼手目）が最も多く、60％ほどをこの2つの目が占めています。日本の哺乳類の多数派は、世界の哺乳類相と似ていることがわかります。**表1-4**には固有種数も記載

全てのイヌはオオカミの亜種

現在、イヌは300以上の品種があるとされています。これら全ての品種は、もともと共通の原種から人為的に改良された動物です。イヌはハイイロオオカミただ1つの種が原種とされています。すなわち、生物学的な種の基準で見ると、イヌの全ての品種は、1つの亜種という扱いになります。

ハイイロオオカミの学名は *Canis lupus*、イヌの学名は *Canis lupus familiaris* です。属名および種小名はハイイロオオカミと同じで、「亜種小名」がついています。学名を見ても1つの亜種であることがわかりますね。

しました。その国のみに生息している種を固有種といいますが、日本固有種は50種にも及びます。日本にいる陸棲哺乳類の約5割（101種中の50種）を占めることになるので、非常に高い割合といえますね。どうして日本には固有種が多いのか、ここで少し考えてみましょう。

日本に固有種が多い理由

日本に固有種が多い理由の1つとして、たくさんの島があるということが挙げられます。無人島を含めると、日本にはなんと14000もの島があります。それら島の多くは、もともとユーラシア大陸の一部でありましたが、地殻変動などによって長い年月をかけて分離、移動して現在の位置になりました。すなわち、分離していった島々に取り残された動物がいれば、長い年月をかけて動物はその島の環境に適応し、結果としてそこにしか生息していない固有種に分化することが考えられます。例えば、固有種であるニホンイタチは、ユーラシア大陸に分布するシベリアイタチと近縁種です。これらの種は、もともと広く分布していた共通祖先が数百万〜数万年前に起きた海水面の上昇によってユーラシア大陸と日本列島に分かれ（詳細は**1－4**節参照）、長い時間をかけて双方の生息環境に適応して別の種に進化したと考えられています。

大陸と島との間で動物の分布が分かれていくプロセスだけではありません。もともとは大陸にも島にも同じ動物が分布していたのが、大陸のほうで他の動物からの捕

表 1-4　日本産哺乳類一覧（Ohdachi et al. 2015 による）

目	在来種数	固有種	固有種の例
真無盲腸目	20	14	カワネズミ・ニホンジネズミ・ヒミズ・エチゴモグラ
翼手目	35	16	ニホンウサギコウモリ・オガサワラアブラコウモリ
霊長目	1	1	ニホンザル
齧歯目	26	13	ヤマネ・ヤチネズミ・ニホンリス・ムササビ
兎形目	4	2	ニホンノウサギ・アマミノクロウサギ
食肉目	20(8)	3	ニホンイタチ・ニホンテン・ニホンアナグマ
鯨偶蹄目	43(40)	1	ニホンカモシカ
海牛目	1(1)	0	

カッコ内は海棲哺乳類数を表す

食圧を受けたり、生息場所が似た動物どうしでの競争に敗れて絶滅し、島の集団だけが現在も生き残っているということも考えられます。現在は奄美大島と徳之島だけに分布するアマミノクロウサギは原始的な種で、数百万年前には中国などユーラシア大陸にも共通の祖先が生息していたことは化石から明らかなのですが、現在は絶滅しています。しかも、兎形目《とけい》は世界中で１００種ほどいますが、アマミノクロウサギと同じ属に分類されている種はいません。アマミノクロウサギは1属1種です。このことから、アマミノクロウサギがこの地域に取り残された希少な種であると考えられています。このような、過去には広い範囲に生息していたものの、現在ではごく一部の地域に限られた分布をしている生物を「遺存種」、固有種であれば「遺存固有種」と呼びます。

また、一度たりとも大陸とつながったことがない島（海洋島）であるために、陸棲の哺乳類が分布しておらず、そこにコウモリのような飛ぶことができる哺乳類が渡ってきて独自の進化を遂げる場合も考えられます。小笠原諸島は海洋島で、陸棲の哺乳類はいませんでした。そこにコウモリが渡ってきて、島の環境に適応した独特の進化が起き、固有種であるオガサワラオオコウモリとなっていったと考えられています。

もちろん、「島が多い」ということだけが固有種の多い理由ではないのですが（**1-4**節）、日本が島国であるという状況が大きく影響していることは間違いありません。

世界の固有種

世界で比較しても、島国であるインドネシアやマダガスカル、それに南半球のオーストラリアに多くの固有種が分布している。

種分化

ここで述べたような、地理的に隔離された集団が、長い時間の中でそれぞれの環境に適応し、別種が生じる現象を異所的種分化と呼ぶ。

遺存固有種

奄美大島に生息するケナガネズミやルリカケスもこれにあたる。

遺存固有種　アマミノクロウサギ

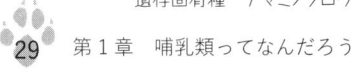

分布を見てみよう

日本に生息する101種の陸棲哺乳類はどこにいるのでしょうか。全ての種の分布をここに示したいのですが、それだけで相当なページ数を使ってしまいます。ですので、本書では、大型哺乳類に限定して紹介したいと思います。でも、「大型」といっても実は厳密な定義はありません。ここでは成獣になった時に25キログラムを超える種を大型と呼ぶことにします。このような定義にすると、日本に生息する哺乳類では、ヒグマ、ツキノワグマ、ニホンカモシカ、イノシシ、ニホンジカのわずか5種だけが大型哺乳類に当てはまります。そこに、人間社会とかかわりが深いニホンザル（成獣で10キログラム以上）を加えた6種を、この本では大型哺乳類と呼びたいと思います（**図1-4**）。そして、これらの種を中心にお話を進めていきたいと思います。

では、これら大型哺乳類は日本のどこに生息しているのでしょうか。これらの種の分布域は拡大し続けていますが、ここでは環境省が2020年ごろに発表している情報で見ていくことにします。**図1-5**の分布図を見てください。日本固有種のニホンザルとニホンカモシカは、本州・四国および九州に分布しています。霊長目は世界に500種ほどいますが、そのほとんどは赤道近くに分布しています。ところが、ニホンザルは青森県の下北半島まで分布していて、霊長目の他種では考えられないほど緯度の高い地域に生息できるという面白い特性が見られます。雪の中で生活をし、時に温泉に入るニホンザルは、他の霊長目から考えると稀有な光景でしょう。

大型の定義

例えばイヌにも「大型」の定義はないが、一般的に25キログラム以上を大型犬と呼ぶ。

ヒグマ
食肉目　クマ科　クマ属
Ursus arctos Linnaeus, 1758
体重：100〜300 kg

ツキノワグマ
食肉目　クマ科　クマ属
Ursus thibetanus G. Cuvier, 1823
体重：70〜150 kg

ニホンジカ
鯨偶蹄目　シカ科　シカ属
Cervus nippon Temminck, 1836
体重：60〜150 kg

ニホンカモシカ
鯨偶蹄目　ウシ科　カモシカ属
Capricornis crispus (Temminck, 1836)
体重：30〜45 kg

イノシシ
鯨偶蹄目　イノシシ科　イノシシ属
Sus scrofa Linnaeus, 1758
体重：40〜150 kg

ニホンザル
霊長目　オナガザル科　マカク属
Macaca fuscata (Blyth, 1875)
体重：8〜18 kg

図 1-4　この本で取り上げる日本の大型哺乳類（NPO 法人ピッキオ・井村潤太氏提供）

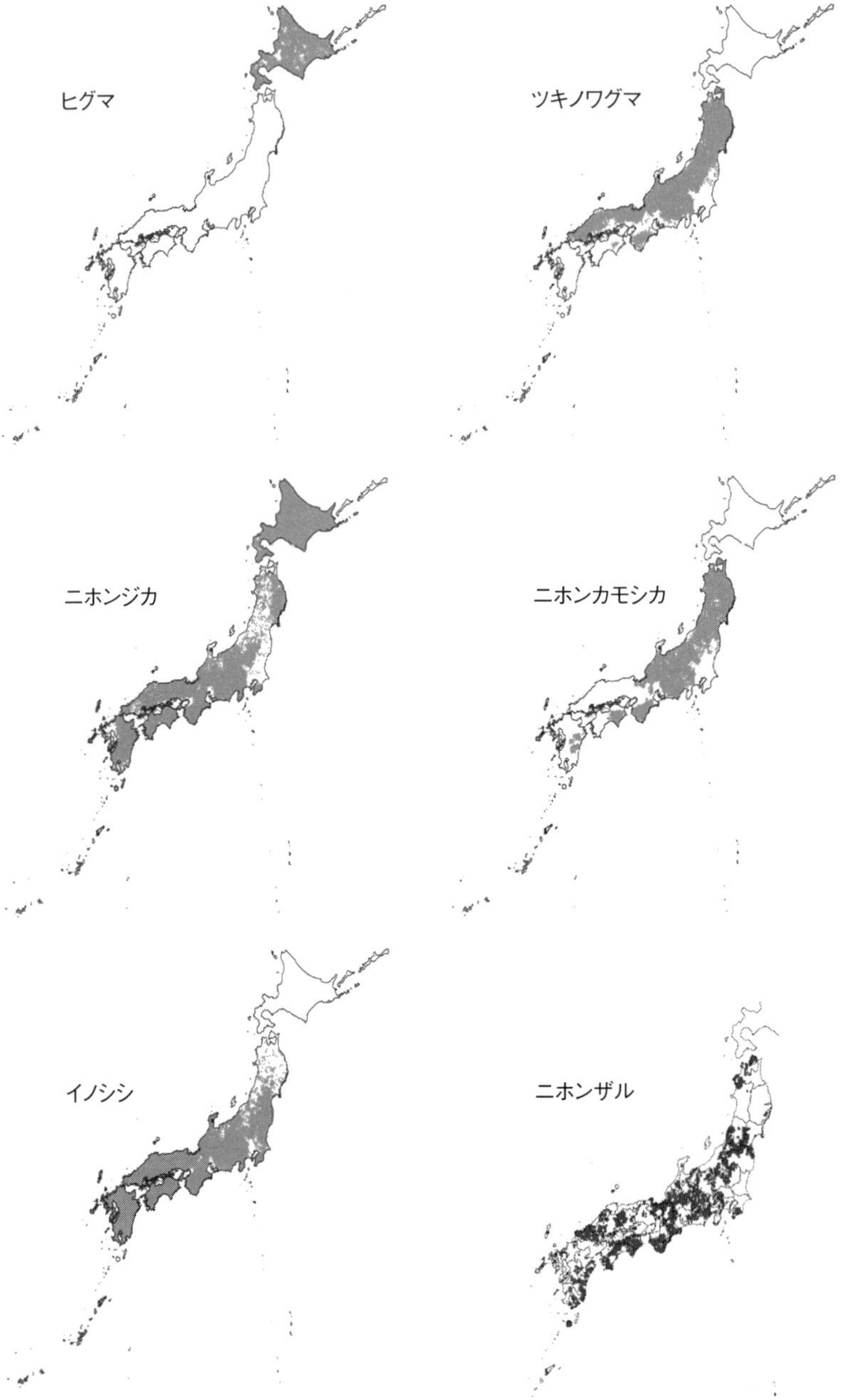

図 1-5　日本の大型哺乳類の分布（ニホンカモシカ・クマ類：環境省, 2019,　ニホンジカ・イノシシ：環境省, 2021 の GIS データ（環境省）を使用し、株式会社文一総合出版が作成・加工。ニホンザル：環境省, 2019 より作図）

ニホンカモシカは、文化財保護法によって１９５５年から日本の特別天然記念物（１５８ページ）に指定されていて、特別な許可なく捕獲することはできない動物です。主に落葉広葉樹林を生息地として好みます。一昔前までは「幻の動物」とされていましたが、近年では東北地方から近畿地方まで分布域が広がっているとされています。一方、九州、四国、紀伊山地、鈴鹿山地では減少しており、地域的な絶滅の危機に瀕しています（１４８ページ）。ちなみに、カモシカは名前に「シカ」とついていますが、ウシ科でヤギやヒツジと同じ仲間です。

クマ類は2種が日本に分布しています。津軽海峡を挟んで北海道にのみヒグマ、本州以南にはツキノワグマのみが生息しています。世界的に見ると、ヒグマは北米からユーラシア大陸の中緯度以北に生息していて、落葉広葉樹林や亜寒帯の針葉樹林およびツンドラ帯と幅広い環境に分布しています。一方、ツキノワグマは主に落葉広葉樹林や照葉樹林に分布していて、本州に広く分布しています。ただし、四国のツキノワグマは30頭以下まで激減、九州のツキノワグマは近年絶滅しています（１４８ページ）。世界的な分布では西アジアから東アジアにかけて分布していますが、さまざまな場所で個体数が減っています。ヒグマやツキノワグマは冬眠をする動物なので、雪深い地域でも生息可能で、反対に暑い気候の場所にはあまり分布していないのが特徴です。

それに対し、イノシシとニホンジカは、四肢が雪に埋もれてしまうとうまく歩行できなくなり、餌も十分にとれなくなってしまいます。そのため、雪深い地域で生息することが得意ではありません。したがって、主な生息域は常緑広葉樹が生い茂る西日本のほうになっています。ただ、近年では積雪量が減ってきている東北地方に分布域が広がってきています。世界的な分布で見ると、イノシシはアジアからヨーロッパにかけて広く分布していて、30亜種ほどに分かれるとされています。

ニホンジカは、中国やロシアなどユーラシア大陸の東部にも分布しています。過去には韓国やベトナムなどにも分布していましたが、現在は絶滅に追い込まれています。国内では北海道から九州まで分布しています。北海道に分布するエゾシカ（ニホンジカの亜種）は雪に強いと思われるかもしれませんが、かれらは冬季になると雪が少ない地域に移動して生活しています。豪雪の年には、多くの個体が死亡することもあります。

どのくらいいるのか？

日本の大型哺乳類の分布を知ると、どの程度の数が生息しているのかも知りたくなります。ただ、実際に数を数えるのはほとんど不可能なので、哺乳類の生息数はさまざまな証拠から推定することになります。例えば、農作物の被害を軽減することなどを目的に有害駆除された頭数から、日本国内に生息する個体数が推定されています。その結果、平成22年度および令和元年度の環境省の報告では、**表1－5**のようになっています。一方、ニホンカモシカは特別天然記念物であり、有害駆除は限定的に行われているため、全国的な情報が不足していて、環境省も推定できていません。

表 1-5　環境省が推定した大型哺乳類の個体数

種名	中央値	推定値の幅	
ヒグマ	2700	1800 ～	3600
ツキノワグマ	15000	3500 ～	95000
ニホンザル	150000	48000 ～	216000
ニホンジカ（本州以南）	1700000	680000 ～	8600000
イノシシ	800000	220000 ～	2100000

＊平成22年度のデータによる。ニホンジカとイノシシは令和元年度のデータ。

これらの数字には幅があって、あくまでも推定値であり、正解はわかりません。これまでは推定した個体数が当たっているのかどうかが議論されがちでした。もちろん、より正確であることが望ましいのですが、最近はその値ばかりに固執してしまうのも野生動物の管理を行ううえでは望ましくなく、むしろ、毎年の捕獲頭数などから個体数を推定し、その増減の傾向を捉えていくことが大事だろうとされてきています。個体数を推定する方法については、**3-7**節（136ページ）を参照して下さい。

1-4 日本の哺乳類はどこから？

日本には150種ほどの哺乳類がいること、その中で101種が陸棲哺乳類であることを示してきました。では、多くの陸棲哺乳類は飛ぶこともできないのに、どのようにして日本にやってきたのでしょうか。海を泳いでユーラシア大陸から渡ってきたとは考えにくいですよね。この章の最終節では、日本の哺乳類が、いつ、どのようにして日本にきたのか、そのルーツを探ってみたいと思います。それを考えるうえで重要なキーワードとなるのが「気候変動」です。

地球は氷河期と間氷期を繰り返す

近年、地球全体の気温上昇に伴い地球環境が変化していて、生物に対し悪影響を及ぼしていることを耳にするようになりました。では、これまで過去の気温は変わることなく、一定だったのでしょうか。**図1-6**に示したのは、南極におけるおよそ40万年間の気温変動です。一見してわかるように、平均気温が高くなったり、低くなったり変化して、決して同じ環境が続いてきたわけではないことがわかります。このうちの寒い時期を「氷河期《ひょうがき》」と呼び、暖かい時期は「間氷期《かんぴょうき》」と呼んでいます。およそ10万年単位の周期で氷河期と間氷期が交互に起きていると考えられていて、現在の時期は間氷期にあたります。

数万年前は、現在の平均気温に比べて3~7℃ほど低い氷河期でした。この数℃の違い、大した違いではないと考えられる方もいるかもしれません。しかし、平均気温が数℃違うと植生は大きく変化します。**図1-7**に現代の日本の植生と2万年前の植生を示しました。現在の北海道に分布する針葉樹と広葉樹の混交林が、およそ2万年前の氷河期では主に西日本にまで広がっていて、北海道には極寒の地であるツンドラ地帯が一面に広がっていたのです。

氷河期に、野生の哺乳類が生息できる環境が日本国内にあったことは重要です。例えば、間氷期には東北地方に広葉樹林が広がり、広い範囲でクマやサルなどが生息することができたでしょう。しかし、氷河期になって植生は大きく変わり、積雪量の増加等の要因も加わり、そのほとんどの地域でクマやサルは生息できなかったことが想像できます。その時に、多くの動物が、避難場所として西日本のほうに餌や生息場所を求めて移動していったはずです。もしも、日本という国が南北に長くなかったな

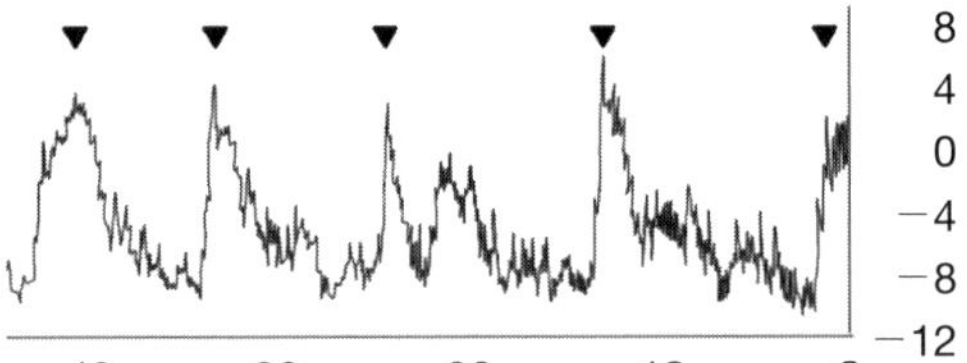

図1-6　過去40万年間の南極の気温変化（Jouzel et al 2007 をもとに作図）
▼：間氷期を示す。縦軸は過去 1000 年間の平均値からの差を示す。

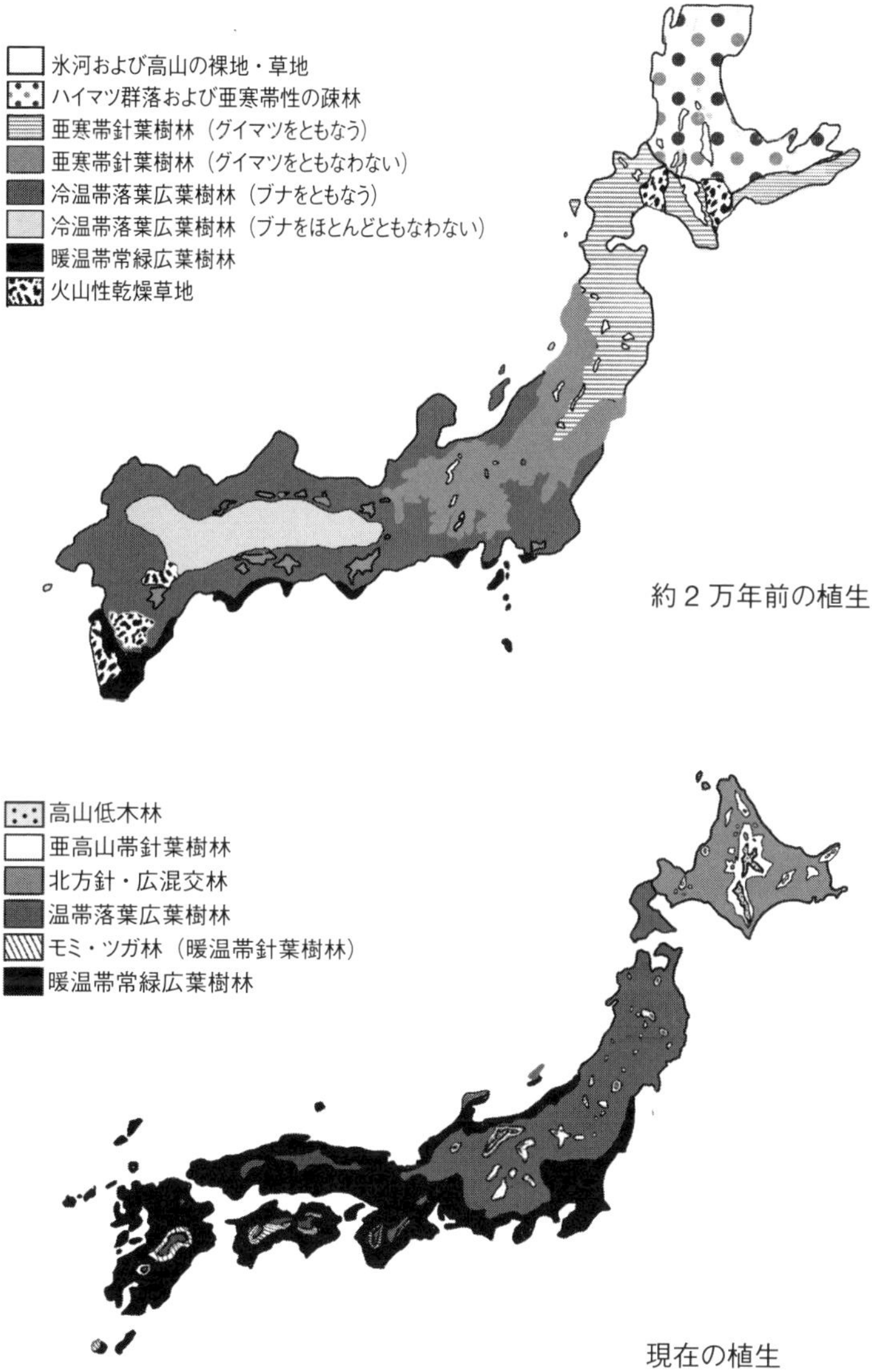

図 1-7　日本における約2万年前と現在の植生

（那須，1980・吉岡，1973 に基づき作図）

らば、動物たちが氷河期に生息できる環境はどこにもなくなり、絶滅にまで追い込まれていったのかもしれません。そうなっていたら、日本の哺乳類相は現在とは大きく違っていたでしょう。

北日本には動物にとって適当な生息地が少なく、西日本には生息地が残っていたことを示す証拠が遺伝子に残っています。西日本と北日本のツキノワグマやニホンザルの遺伝子のタイプを比較してみると、北日本のほうが遺伝子のタイプ数が低い傾向になっているのです。一般的には、長い世代にわたって生活している集団ほど新しい遺伝子タイプが生まれてくる時間があるはずです。つまり、北日本が西日本に比べて遺伝子タイプが少ないということは、それだけ生息した世代時間が短いことが推察できるわけです。こうしたことから北日本には最終氷河期（1〜2万年前ほど）以降に動物たちが生息できる環境が再び生まれたことが推察されます。

海水面の低下による陸橋の出現

気温が変わると、植生以外にも変わるものがあります。海水面の高さもその1つです。気温が高くなると、地球上の雪や氷が溶けて海水面が上昇します。縄文時代である6000年前には今よりも気温が1〜2℃高い時期があり、現在の海水面より2メートルほど海水面が高く（いわゆる縄文海進《じょうもんかいしん》）、現在の陸地の一部は海であったことがわかっています。わずか1℃程度の違いでも地形は大きく変わるのです。反対に

遺伝子のタイプ（ハプロタイプ）

ミトコンドリアの特定の領域に遺伝的な変異があり、それぞれの遺伝子型をタイプという。長い世代にわたって生活しているハプロタイプの種類が増えると考えられている。

気温が下がると、蒸発した海水の一部が雪となり陸に降り積もるので、海水面が下がります。現在より3～7℃ほど低かった最終氷河期では、今よりも約１２０メートルも海水面が低かったと考えられています。

　では、海水面が下がった場合、日本はどのような地形になるのでしょうか。現在、日本は海に囲まれた国であり、大きな4つの島があります。島と島との間には起伏に富んだ海底があります。北海道と本州の間の津軽海峡で最も狭いところでの直線距離は約20キロメートル、平均水深は約１３０メートルです。また、朝鮮半島と九州の対馬海峡は約２００キロメートル、平均水深は約１００メートルです。サハリンと北海道の宗谷海峡も水深が平均60メートルほどです。氷河期に海水面が下がり、さらに海水が凍結すれば、ユーラシア大陸とつながる場所が北にも南にもできていたと考えることができます（**図1-8**）。このつながった場所のことを「陸橋《りっきょう》」と呼びます。

　海水面の低下によってユーラシア大陸と日本列島とをつなぐ陸橋が出現したことで、飛ぶことのできない多くの哺乳類も日本列島に渡ってくることができたと考えられます。も

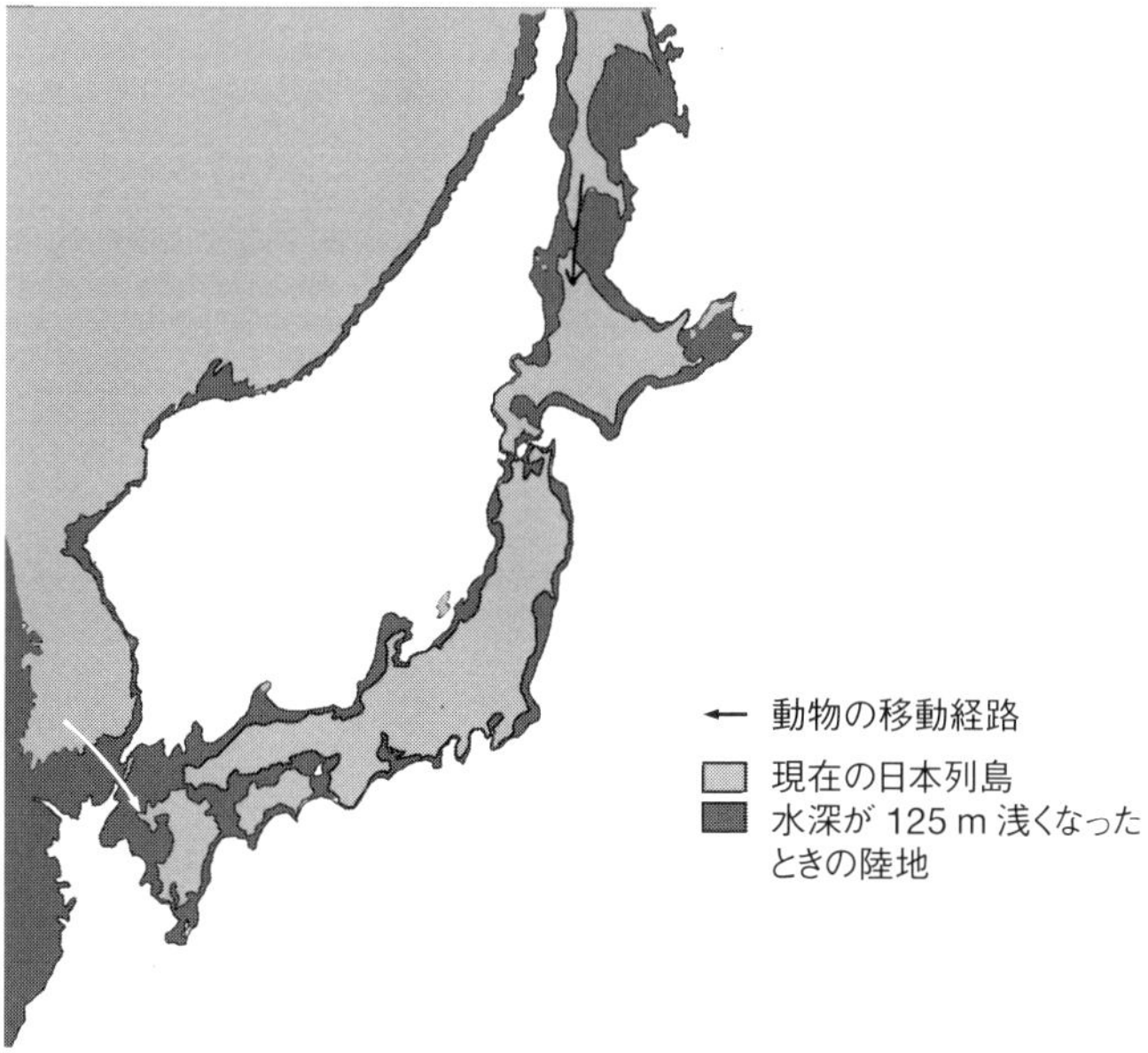

図 1-8　氷河期の日本列島と大陸をつないでいた陸橋

しもユーラシア大陸と日本列島との間が深い海域であったなら、陸橋はできずに哺乳類が渡ってくることはなったことでしょう。その結果、きっと日本の哺乳類相は今よりもずっと寂しかったはずです。

反対に、もしもユーラシア大陸と日本列島が気候にかかわらず常に陸続きであったならば、いろいろな動物が進入してきて、さまざまな動物がいたのかもしれませんが、固有種は少なかったでしょう。まさに大陸と日本との島間が絶妙な距離であり、着かず離れずの距離であったことが、日本の自然を形成してきたはずです。このことを思うと、日本の自然を見る目、感じる気持ちも変わってくるのではないでしょうか。

陸橋の出現
60万年前および43万年前には対馬海峡、最終氷河期には宗谷海峡に少なくとも陸橋が形成されたと考えられている。

多様な環境が生み出す哺乳類相

現在の日本の豊かな哺乳類相を考えるうえでは、氷河期に形成された陸橋以外にもいくつかの要因を考える必要があります。たとえ多くの哺乳類がユーラシア大陸から渡ってきても、生息できる場所がなければ絶滅してしまいます。哺乳類はさまざまな環境に生息していますが、森があることは非常に重要です。砂漠が広がるような場所に生息する哺乳類は多くありません。日本の国土の多くが森林で覆われていることは、哺乳類相の成り立ちに大きく関連していると言えるでしょう。しかも、日本は南北に3000キロメートルと長く、南の地域にはマングローブ林を代表とする亜熱帯の森が広がっている一方で、北の地域では寒いところを好むカラマツやトドマツなどの亜寒帯の森があって、全く異なる森林生態系がみられるのです。
また、起伏に富んでいるために、緯度は同じでも海抜０メートル近くの低地と数千メートルの高地とでは気候が大きく異なるため、違う森林生態系がみられます。例えば鹿児島県の屋久島では、低地に分布する亜熱帯性の植物から、高地に分布する亜高山帯の植物までも見られ、垂直に植生が大きく変化しています。

地形以外にも、海流や季節風の影響なども考えられます（**図1-9**）。大気が暖かい低緯度で発生して高緯度へと流れる暖流がある一方で、高緯度から低緯度へと冷たい寒流が流れています。暖流は大気を温めるため湿潤な気候になり、寒流は水蒸気を発生しにくいことで乾燥した気候をもたらします。日本周辺を流れる寒流や暖流は、沿岸地域などの環境に強く影響していて、多様な環境を生み出しています。また、冬は北西から吹く湿った季節風の影響を受けて日本海側で多くの雪が降り、夏は南東から吹く季節風により太平洋側は降水量が多くなります。このように、日本の各地域では気候や起伏など多様で複雑な条件がさまざまな森林生態系を創り出し、たくさんの固有種を含む動物相の形成につながったのでしょう。

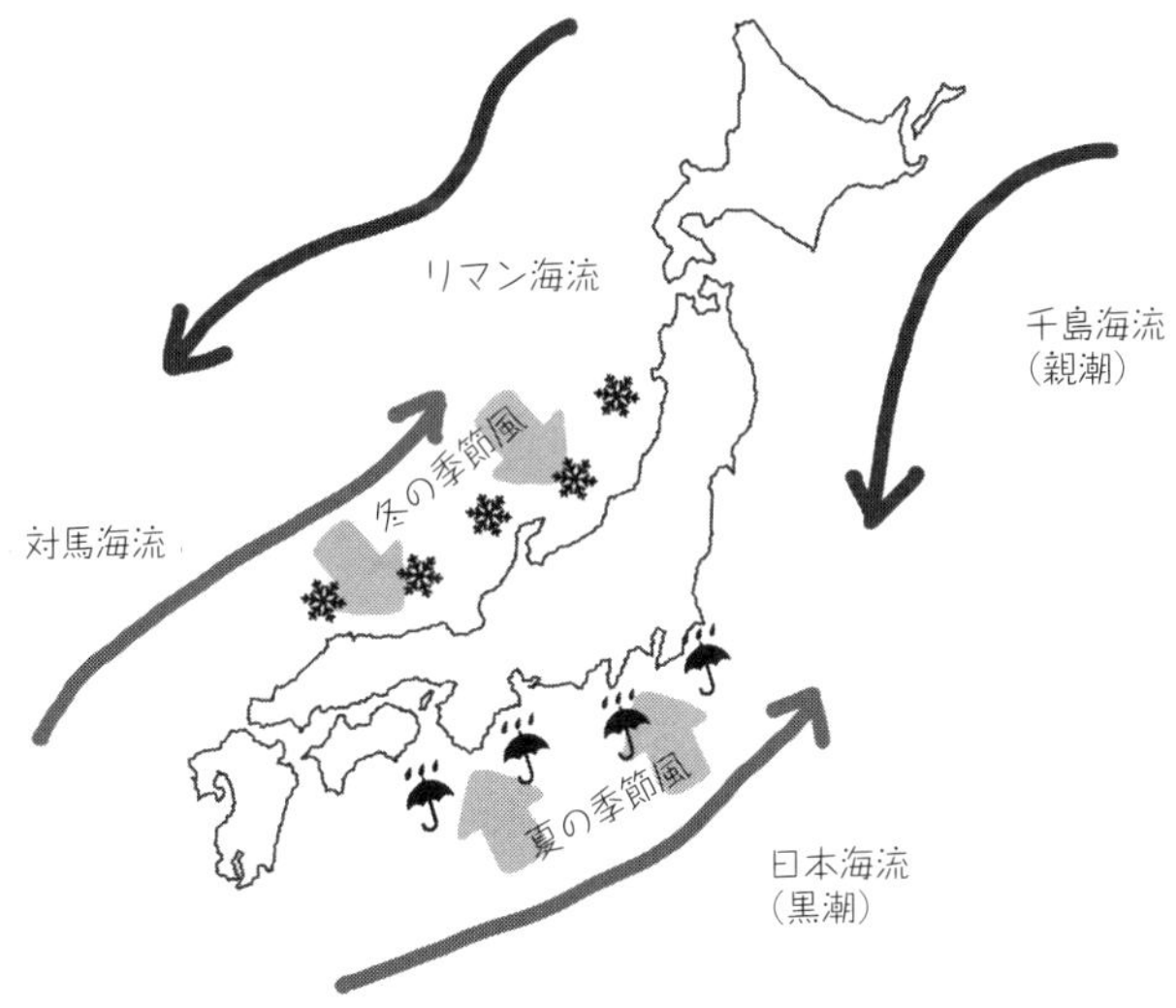

図1-9　日本列島に多様な環境を作り出した気候要因

陸橋を渡ってきた時期

陸橋は氷河期に現れ、間氷期には海の中に消えることを繰り返してきたはずです。日本に生息する多くの陸棲哺乳類は、氷河期に現れた陸橋をいつかのタイミングで渡ってきて、日本に定着したと考えられています。遺伝子の解析によって、いつ頃に大陸の集団と分かれたのかを推定する研究が行われ、多くの哺乳類はおよそ数十万年前の氷河期から1〜2万年前の氷河期の間に移動してきただろうと考えられるようになりました。

およそ百万年の間に何回か氷河期が起きました。この間に、日本の哺乳類の祖先はユーラシア大陸から、朝鮮半島あるいはサハリン島にできた陸橋を渡って日本に入ってきたと考えられています。ユーラシア大陸から渡ってきた回数は、複数回と推察される種もいれば、1回のみではないかと推察されている種もいて、さまざまな研究が現在も行われています。最近では遺伝子解析の技術が急速に発展していて、生物の歴史に関するより詳しい推定が可能になっています（詳細は『哺乳類学』等の参考書を参照）。今後もさらなる知見が得られ、さらに精度の高い推定が示されていくことでしょう。

大先輩たち

遺伝子解析

ＤＮＡの塩基配列を調べて、その配列の変異より大陸からの移動時期などを推定することが可能である。

我々ヒトがアフリカ大陸に誕生したのがおよそ20〜40万年前、そして約10万年前にアフリカ大陸を飛び出し、日本列島に渡ってきたのがおよそ4〜5万年前であると考えられています。その時の日本列島はどんな状況だったのでしょうか。

少なくとも今よりも気温が低い氷河期であり、ナウマンゾウやオオツノジカ、バイソンなどの大型哺乳類が分布していて、北海道にはマンモスもいました。ヒトがユーラシア大陸から日本に渡ってきたころには、現在の哺乳類とは異なり、多数の大型哺乳類が分布していたのです。

今いる大型哺乳類たちも数十万年前の氷河期に渡ってきました。我々日本人よりもずっとずっと早くから日本に住んでいた動物たちなのです。日本人はどちらが早く組織に所属してきたかによって先輩・後輩が決まり、先輩を敬う気持ちを大事にしています。そうだとすれば、日本に早くからいた先輩である動物たちに対してもっと敬意を払ってもよいのかもしれません。次章では我々の大先輩であり、先住である哺乳類の特徴を学んでいきましょう。

第2章 哺乳類の8つの特徴

第1章では、哺乳類が動物界・脊索《せきさく》動物門・哺乳綱というグループに分類されること、動物界に含まれる多くの生物は運動性があって従属栄養生物であることをお話ししました。では、哺乳綱というグループに属する生物はどのような共通点があるのでしょうか。哺乳類のみに見られる特性として、以下のことが挙げられます。

①母乳で子育てすること
②胎生であること（単孔類を除く）
③歯が複数の種類（切歯《せっし》、犬歯《けんし》、前臼歯《ぜんきゅうし》、後臼歯《こうきゅうし》）に区別できること
④皮膚《ひふ》に毛があること

これに加えて、3つの耳小骨《じしょうこつ》（84ページ）や汗腺《かんせん》（70ページ）、横隔膜《おうかくまく》（90ページ）があること、陰嚢《いんのう》に包まれた精巣《せいそう》が外に垂れ下がっていること（99ページ）が哺乳類のみの特性と挙げられた人は、哺乳類のことをどこかで学んだことがある方でしょう。

さらに、

⑤体温が一定に保たれていること
⑥骨で体を支えていること
⑦肺で呼吸をすること
⑧心臓が2心房2心室であること

も哺乳類の共通点になります。ただし、⑤から⑧は哺乳類だけではなく、脊椎《せきつい》動物である魚類、両生類、爬虫《はちゅう》類、鳥類にも見られます（**表2-1**）。**第2章**では、これら8つの特性を主に形態や構造から見ていきたいと思います。

特徴1 「授乳」で子育てする

哺乳類はその名の通り、「母親が新生仔《しんせいじ》に乳汁《にゅうじゅう》（母乳）を与えて子育てする」という特性を持つ生物です。哺乳類の特性とは何かと質問した時、最初に返って来る答えではないでしょうか。全ての哺乳類には「乳腺《にゅうせん》（おっぱい）」があって、メスは出産後のしばらくの期間、乳汁で赤ちゃんを育てます。オスにも乳腺は備わっていますが、発達していないので乳汁を出すことができません。ですから、哺乳類の場合、メスなくして子育ては成り立たないのです。

一方オスはと言えば、子育てどころか、交尾を終えたらどこかへ行ってしまうのがふつうです。哺乳類の中で子育てに協力するオスは、タヌキやゴリラなどわずか5％

表 2-1　各分類群における特性の一覧

特性	魚類	両生類	爬虫類	鳥類	哺乳類
①授乳で子育てする	×	×	×	×	○
②胎生で産む*	×	×	×	×	○
③歯がさまざまな種類である	×	×	×	×	○
④皮膚に毛がある	×	×	×	×	○
⑤体温が一定に保たれている	×	×	×	○	○
⑥骨で体を支えている	○	○	○	○	○
⑦肺で呼吸する**	×	○	○	○	○
⑧心臓が2心房2心室である	×	×	×	○	○

＊：魚類、両生類、爬虫類の中には胎生で産む種もいます。
＊＊：魚類の中には肺呼吸する種もいます。

ほどの種類しかいません。ヒトも男性が子育てに参加しますが（そのはずです……）、実は哺乳類としてはかなり少数派なのです。

育児嚢

単孔類カモノハシの授乳

乳頭の位置と数は？

メスが子育てに必要な乳汁をつくる器官が乳腺で、乳汁が出る突起を乳頭といいます。乳頭は、ヒトなどの霊長目では胸部にありますが、その位置は多様です。ニホンカモシカやニホンジカでは足の付け根（鼠径部《そけいぶ》）、イノシシでは胸部から下腹部、ゾウやジュゴンでは乳頭が脇の下に位置しています。

上位の分類階級間で比較してみましょう。有胎《ゆうたい》盤《ばん》類の乳頭は胸部から鼠径部にかけてあるのに対し、有袋《ゆうたい》類の乳頭は「育児嚢《いくじのう》」と呼ばれる袋の中にあり、単孔《たんこう》類では乳頭そのものがありません。単孔類の場合は、乳頭の代わりに乳汁が皮膚からしみ出し、新生仔はそれを舐めて栄養を得ます。

ちなみに、乳腺は汗を出す汗腺が変化したものと

オスの乳腺
マレーシアに生息するダヤクフルーツコウモリは、オスでも少量の乳汁を出すことが報告されている。

ミルクライン
脇の下から足の付け根まで乳腺の基本構造がある。ほとんどの哺乳類は、このラインのどこかから乳頭が現れている。

育児嚢
有袋類の名前の由来であり、未熟児を育てるための袋。魚でもオスのタツノオトシゴに見られるが、もちろん乳頭はないので、同じ構造ではない。

考えられています。原始的な哺乳類である単孔類の授乳方法を知ると、乳腺は汗腺が変化したものであることを納得できる気がします。

乳頭の数はどうでしょう（**表2-2**）。ヒトの場合、胸部に左右1対、計2つですね。ニホンザルやオランウータンなどの霊長《れいちょう》目も胸に2つあります。一方、食肉《しょくにく》目クマ科クマ属のツキノワグマとヒグマは3対（6つ）と同じですが、同じクマ属のホッキョクグマは2対（4つ）と異なっていて、同じ仲間であっても乳腺の数は異なることもあります。

また、ニホンジカやニホンカモシカは基本的に1頭ずつ出産しますが、乳頭の数は2対あります。多産なイノシシでは5対も乳頭がありますが、より多くの子供を産むように品種改良されたブタの乳頭は7対まで増えています。乳頭の数や位置は、その種が一度にどれだけ子供を出産するのかと大きくかかわっています。

表2-2 さまざまな動物の乳頭の位置と数

種	乳頭の位置	乳頭の数
ヒト	胸部	1 対
イヌ	胸部・腹部・鼠径部	5 対
ネコ	胸部・腹部・鼠径部	4 対
ヒグマ	胸部・腹部	3 対
ツキノワグマ	胸部・腹部	3 対
イノシシ	腹部・鼠径部	5 対
ニホンカモシカ	鼠径部	2 対
ニホンジカ	鼠径部	2 対
ニホンザル	胸部	1 対

小さなビッグマザー

マダガスカル島にのみ生息するテンレックという動物は、なんと胸部から鼠径部にかけて12対（24個）も乳頭を持っています。産まれてから半年ほどで性成熟を迎え、一度に出産する子の頭数も20頭ほどと非常に多いのです。およそ半年にわたり、たくさんの新生仔に乳汁を与える母親は、大変なエネルギーを消費していると思われます。寿命は数年と短い動物ですが、1歳にして20頭の子育てをする母親は、まさにビッグマザーです。

さまざまな乳汁

乳汁は、水分のほかに、タンパク質、脂質、炭水化物、ビタミン、それにミネラルの五大栄養素全てが含まれている、非常に栄養価が高い液体です。ただし、含まれている五大栄養素の割合は、分類群によって少しずつ異なっています（**図2-1**）。

ヒトを含めた霊長目では、炭水化物である乳糖の割合が高いのが特徴です。その理由としては、乳糖が分解されてできる「ガラクトース」が脳や神経の発育に欠かせないためと考えられています。霊長目は他の大型哺乳類に比べ非常に大きな脳を持っています。例えば、ヒトが約１３００グラムの脳を持っているのに対し、ヒトと同じぐらいの体重であるツキノワグマやニホンジカは２００〜３００グラム程度です。一方、ニホンザルは体重10キログラムほどですが、約80グラムの大きな脳を持っています。体重で比較すると、霊長目の脳がいかに大きいのかがわかるでしょう。霊長目の乳汁が乳糖を多く含むことは、大きな脳の発達と関連しているのではないかと考えられています。

クマの乳汁では、脂肪の割合が高い傾向があります。鯨《げい》類やオットセイなどの海棲哺乳類も同様に、脂肪割合が高いです。これは、熱の損失を補うためではないかと考えられています。海棲哺乳類の多くは寒い環境に生息しているので、乳汁が高脂肪分でなければ新生仔は寒さによって熱を奪われてしまうのです。クマ属の中で比較しても、北極など極寒の地で子育てをするホッキョクグマの方が、冷温帯で子育てをす

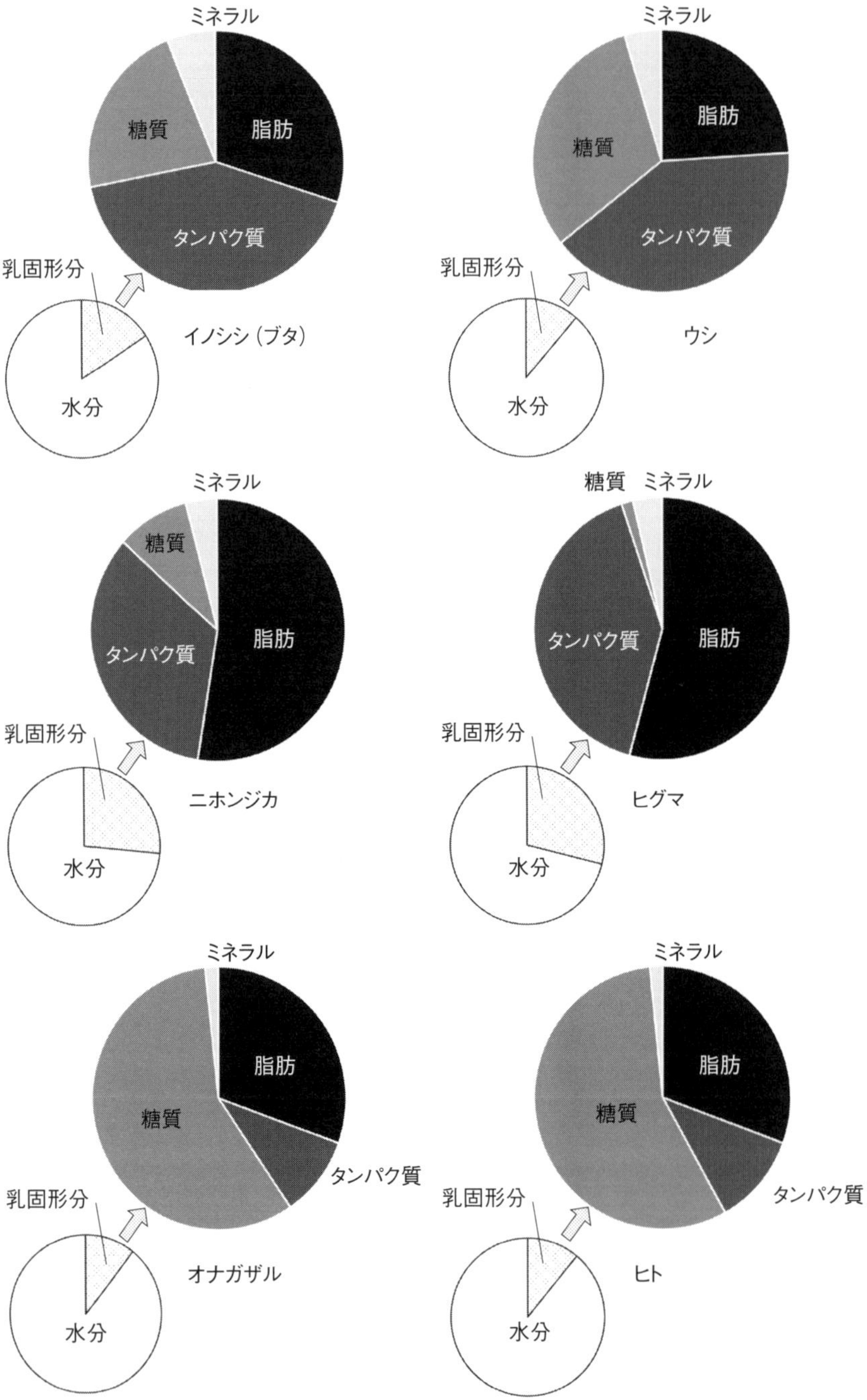

図 2-1　哺乳類の乳汁成分の比較（片岡, 1985 に基づき作図）

るツキノワグマに比べて乳汁の脂質割合が高くなっています。このことも熱の損失を補うためという考えを支持します。

一方で、乳糖が少ないのも特徴です。母グマは冬眠している間に出産し、しかも冬眠期間中に食事をすることはありません。したがって、冬眠までに蓄えたエネルギーを基に新生仔に栄養を与えていることになります。冬眠前と冬眠後の体重を比べた研究によると、母グマの体重は40％も減少していました。ほぼ半分に痩せてしまっていたことになり、絶食しながらの出産および子育ては母グマにとって自身の生命も脅かしかねないということが推測できます。母グマは炭水化物の主体である乳糖を自身の体調を維持することに利用していて、成分中の炭水化物が抑えられていると考えられています。

タンパク質やミネラルの量は成長速度とも関係しています（**図2-2**）。出生後、初期の発育速度が速い動物ほど、乳汁のタンパク質やミネラルの割合が高い傾向にあります。ネズミやウサギなどは、高タンパク質および高ミネラルの乳汁を新生仔に与えることによって、早い成長を促しています。一方、大きく成長するまでに時間がかかる動物であるヒトは、タンパク質やミネラルの含有量が比較的少ないです。

乳汁成分の質や量は種間で異なるだけでなく、同一個体であっても健康状態によって変化します。授乳の始まる時期と終わる時期で成分が違うこともあります。もちろん哺乳類に共通している乳汁の特性もありますが、生息環境や

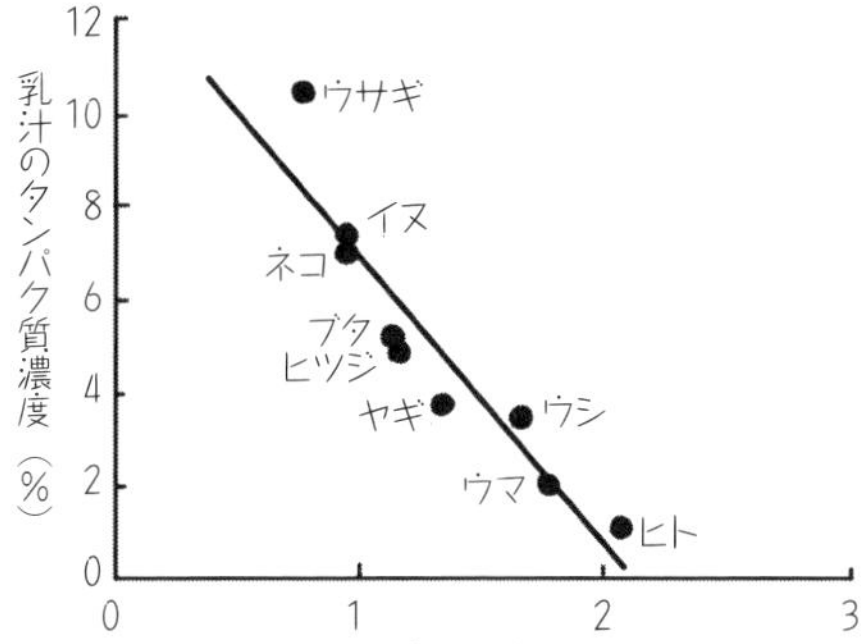

図2-2　発育速度とタンパク質の関係性
（穴釜，1975に基づき作図）

乳汁を与えている時期によっても少しずつ異なっていて、一口に乳汁といってもさまざまですね。

特徴2　体の中で仔を育てる「胎生」

卵を産む単孔類を除く哺乳類は、受精卵をある程度の大きさまでおなかの中で育ててから新生仔として出産します。このことを「胎生《たいせい》」と呼びます。おなかの中の胎仔は母親とつながり、栄養や酸素をもらってはじめて成長していくことができます。この「おなかの中」とは、正確な位置をいえば「子宮《しきゅう》」になります。そして、母親とつながって栄養や酸素のやり取りをしているところは、「胎盤《たいばん》」というところです。胎仔とのつながりがある胎盤を形成することは、有胎盤類で共通した特性です。まさに有胎盤類の名前、そのものの特性です。しかし、子宮の形、胎盤の形は分類群ごとに少しずつ違います。では、どのような違いがあるのでしょうか。

子宮の形は4種類

子宮は骨盤内に位置する筋肉が発達した臓器です。子宮を持つのはメスだけで、基本的な機能はどの種も同じです。ただ、種（分類群）によって子宮の形にはほんの少しの違いがあり、有胎盤類では大きく4つの種類に分けられます（**図2-3**）。ど

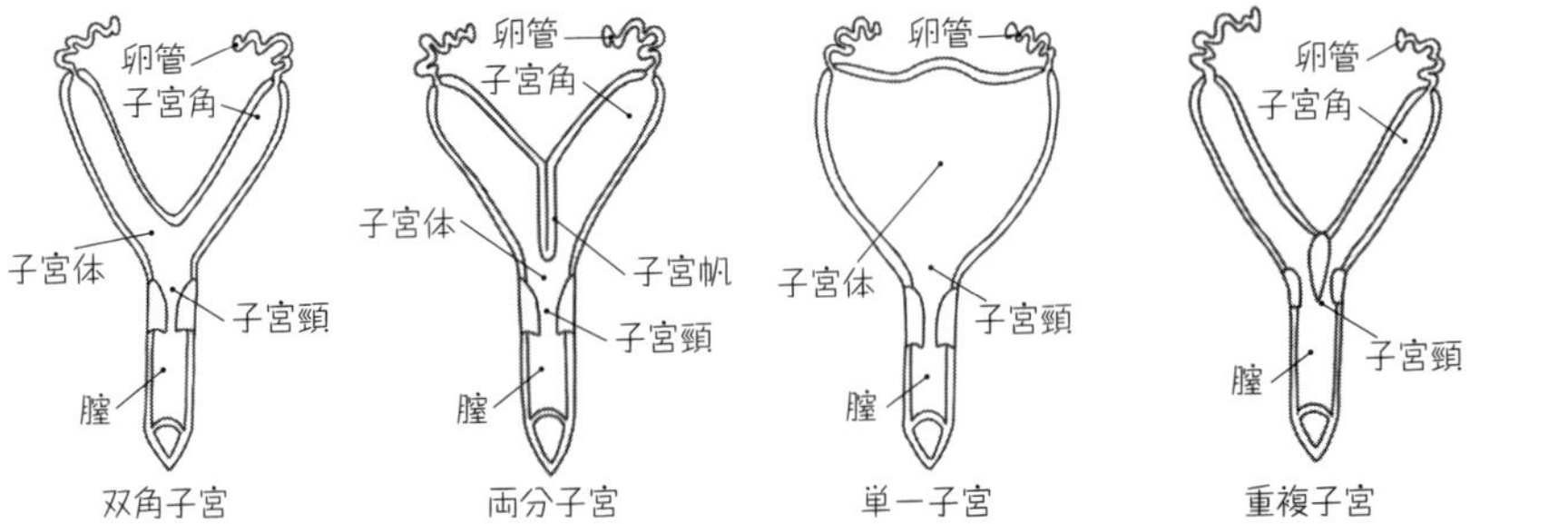

図2-3　子宮の形

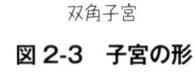

んな違いがあるのかを簡単に説明します。

子宮には3つの部位（子宮頸《けい》・子宮体《たい》・子宮角《かく》）があり、これら3つの部位が全て見られる子宮を「双角《そうかく》子宮」と呼びます。食肉目であるヒグマやツキノワグマ、鯨偶蹄《くじらぐうてい》目であるニホンジカ、ニホンカモシカおよびイノシシは双角子宮です。さらに、子宮帆《しきゅうはん》と呼ばれる仕切りがあるかないかによって、子宮の形を分ける場合もあります。子宮帆がある子宮を「両分《りょうぶん》子宮」、子宮帆がない子宮を双角子宮と呼ぶこともあります。

それに対して、霊長目のニホンザルやヒトの子宮は、子宮角がありません。子宮体と子宮頸のみです。このような子宮を「単一《たんいつ》子宮」と呼びます。また、ネズミやリスなどの齧歯《げっし》目では、子宮頸が2つに分かれていて、そのまま子宮角になっています。このタイプは、子宮体がなく、左右に独立した子宮であることが特徴です。このような形をした子宮を「重複《ちょうふく》子宮」と呼びます。それぞれが微妙な違いですが、図をよく見てもらえれば、その形の違いが理解できるでしょう。

子宮角の長い動物は子だくさん

注目すべき点の1つに、子宮角の長さがあります。子宮角は双角子宮である動物にとって受精卵が着床《ちゃくしょう》し、胎仔が育つ場所です（子宮角がない単一子宮の場合、着床場所は子宮体です）。例えば、イノシシは1回あたり4～5頭を出産する多産型の動物で、子宮角が長いです。さらに、品種改良してさらに多産型になったブタ（1回あたり8～10頭出産）は、イノシシよりもさらに子宮角が長くなっています。

子宮角の長さを見ただけで、どれくらいの出産数なのか、想像することができます。

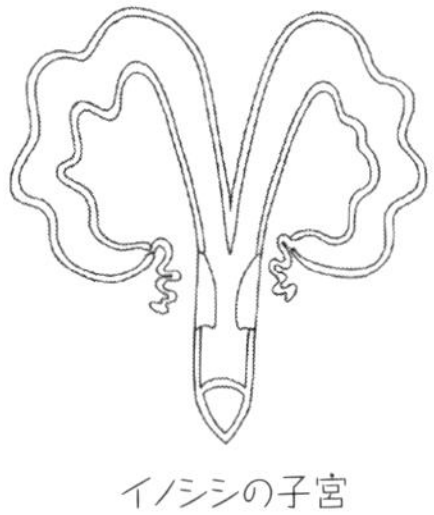

イノシシの子宮

胎盤の形も4種類

有胎盤類における「胎盤」の形も4つの種類に分かれます（**表2-3**）。胎盤とは、母親側の「子宮内膜《ないまく》」と胎仔側にある「絨毛膜の絨毛《じゅうもうまく》」とがつながっていて、胎仔と母親との間で栄養交換やガス交換が行われている場所です。

では、母親側の子宮内膜とはどこでしょう。それは、読んで字のごとく、子宮の内側の最表層の膜を指します。子宮の内側全体は子宮内膜によって覆われていて、受精卵を受け入れられるようホルモンの周期的な調整によって厚くなっていきます。

一方、胎仔側の絨毛膜の絨毛はどこでしょう。排卵した卵と精子が受精したのちに、発達していく中で胎仔の保護および発育のために3つの膜が形成されます（**図2-4**）。一番内側の膜が羊膜《ようまく》で、羊膜の中は羊水《ようすい》で満たされています。その外側には尿膜《にょうまく》があり、尿膜は胎仔の膀胱《ぼうこう》とつながっていて、尿膜水《にょうまくすい》で満たされています。さらに、一番外側に絨毛膜があります。その絨毛膜の一部（あるいは全体）に絨毛と呼ばれる部分があります。これが胎仔側の絨毛膜（の）絨毛です。

母親側の子宮内膜が子宮内の全体を覆っていることは、全ての有胎盤類で共通します。したがって、胎盤の形は、胎仔側の絨毛膜絨毛の分布様式によって分類されているわけです（**図2-5**）。

ヒグマやツキノワグマなど食肉目は、絨毛膜絨毛が帯状に分布しています。この胎盤を帯状《たいじょう》胎盤（**図2-5**）と呼びます。イヌやネコも食肉目ですから、この胎盤です。

子宮小丘
反芻動物の子宮角内膜面に見られる半球形の隆起物。シカでは4〜10個、カモシカでは40〜70個ほど存在する。

鯨目
近年では鯨偶蹄目と表すことが多い。ただし、胎盤には鯨目と偶蹄目の一部では別の特性がある。

表2-3　さまざまな動物における胎盤の分類

種	絨毛膜絨毛の分布に基づく分類	絨毛膜と子宮内膜のつながりに基づく分類
ヒト	盤状胎盤	血絨毛性胎盤
イヌ	帯状胎盤	内皮絨毛性胎盤
ネコ	帯状胎盤	内皮絨毛性胎盤
ヒグマ	帯状胎盤	内皮絨毛性胎盤
ツキノワグマ	帯状胎盤	内皮絨毛性胎盤
イノシシ	散在性胎盤	上皮絨毛性胎盤
ニホンカモシカ	多胎盤	結合織絨毛性胎盤
ニホンジカ	多胎盤	結合織絨毛性胎盤
ニホンザル	盤状胎盤	血絨毛性胎盤

ニホンカモシカやニホンジカなどの反芻《はんすう》動物は、子宮内にある子宮小丘《しょうきゅう》と呼ばれる場所に絨毛膜絨毛が分布して胎盤を形成します。この胎盤を多胎盤《た》（**図2-5**）と呼びます。イノシシは、絨毛膜全体に絨毛があって、母親とつながっています。この胎盤を散在性胎盤《さんざいせい》（**図2-5**）と呼びます。ウマなどの奇蹄目《きてい》、鯨目《げい》もこのタイプの胎盤です。一方、ニホンザルなど霊長目は、円盤状に絨毛膜絨毛が分布していて、この胎盤を盤状胎盤《ばんじょう》（**図2-5**）と呼びます。霊長目以外では、兎形目《とけい》や齧歯目《げっし》がこの胎盤です。

　このように、胎盤の機能は共通していても、分類群ごとに胎仔側の絨毛膜絨毛が分布している場所に違いがあり、それによって胎盤の種類が分けられています。こちらも、図を見てイメージしてもらえたらと思います。

母親と胎仔のつながり方も4種類

　胎盤での胎仔側の絨毛膜絨毛と母親側の子宮内膜とのつながり方でもいろいろな胎盤の種類を分けることができます。これは、先ほどお話しした胎盤の形とも関連してきますので、まとめて学びましょう。母親側の子宮内膜は、子宮内膜上皮《じょうひ》、結合織および血管内皮《ないひ》という3つの層があります（**図2-5**）。これらの3つの層の「どこ」と胎仔胎盤側の外側である「（絨毛膜）絨毛上皮」と接しているのかで4つに分類できるのです。

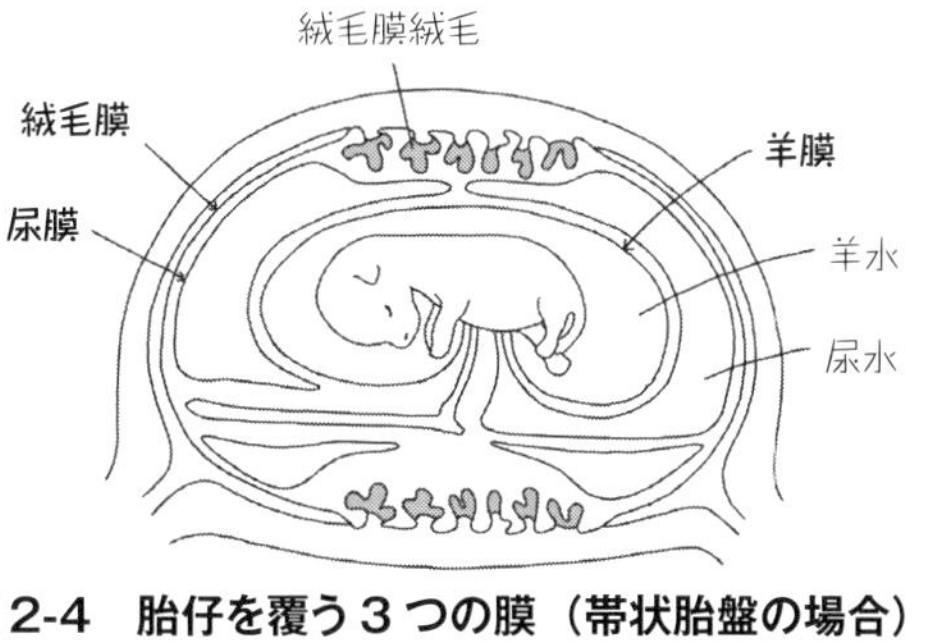

図2-4　胎仔を覆う3つの膜（帯状胎盤の場合）

多胎盤
叢毛《そうもう》性胎盤、叢毛性多胎盤ともいう。名称は異なるが、全て同じタイプの胎盤。ちなみに叢とは「一か所に集まる」という意味がある。子宮小丘がその場所である。

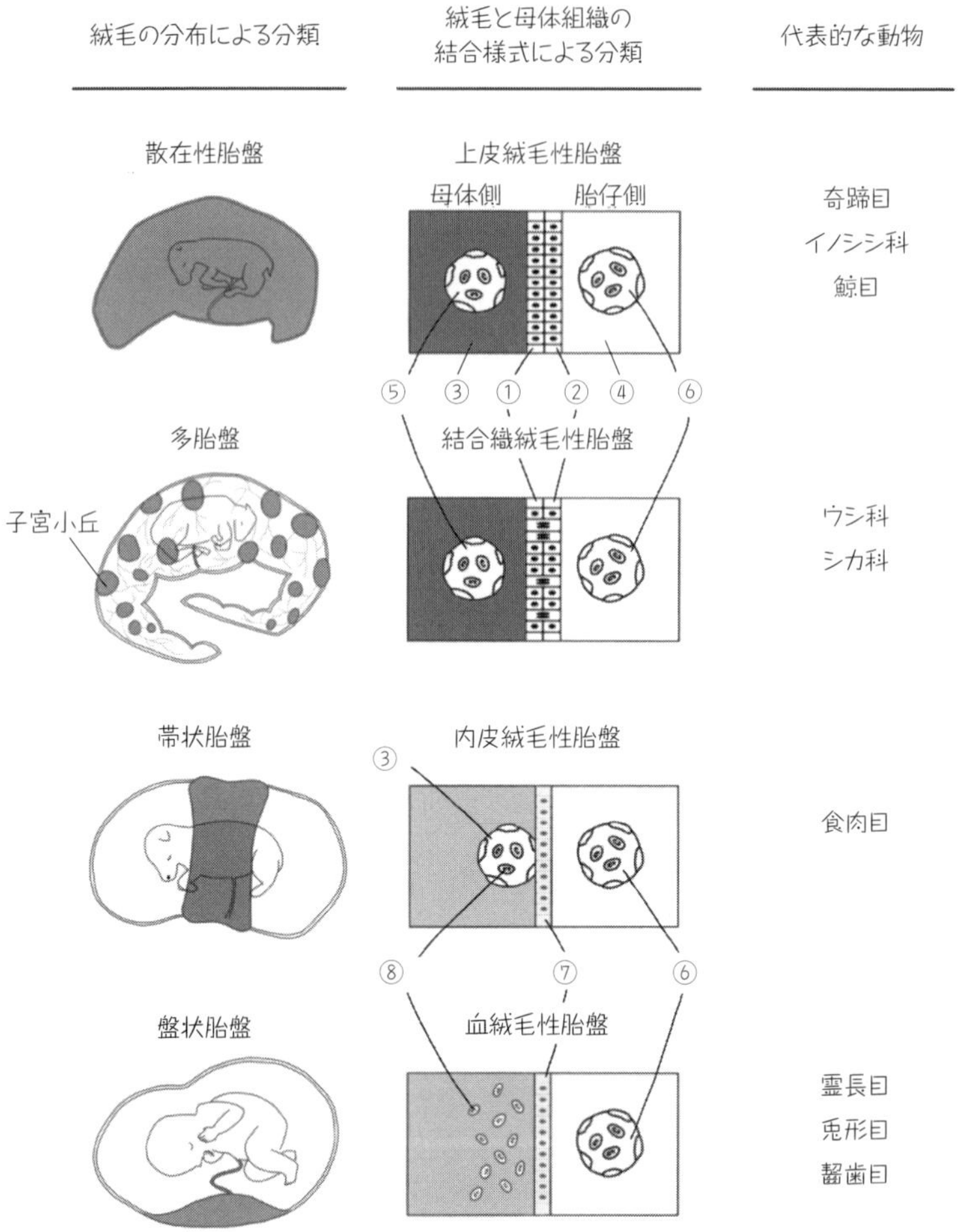

図 2-5　胎盤の分類

①子宮上皮細胞　②栄養膜細胞（絨毛上皮細胞）　③母体結合織　④胎仔結合織
⑤母体血管　⑥胎仔血管　⑦合胞体栄養膜細胞（絨毛上皮細胞）　⑧母体血球細胞

胎仔の絨毛上皮が母親の子宮内膜上皮と接する胎盤を上皮絨毛性胎盤と呼びます。母親側の部位である「上皮」と胎仔側の部位である「絨毛」がくっついた名前です。イノシシはこの胎盤を持ちます。このつながり方は最も緩やかなつながり方で、栄養交換などの効率は悪いのですが（だから全面に胎盤があるともいえる）、出産時は母親の負担が最も少なく、出産の際に出血することはありません。多産型のイノシシには非常に都合がよいのかもしれません。

母親の上皮だけでなく、母親の上皮細胞と胎仔の上皮細胞が結合することで新しい細胞（結合細胞）を形成し「結合織」と接する種もいます。例えば、ニホンジカやニホンカモシカがそうです。この接し方は、結合織絨毛性胎盤といいます。

ヒグマやツキノワグマでは、さらに下の層である母親の「血管内皮」と胎仔側の絨毛上皮が接しています。これは内皮絨毛性胎盤と呼ばれます。この胎盤は出産の際に多少出血を伴います。

最後にニホンザルやヒトは、血管内皮もなくなり、「血液」と直で接する状態であり、血《けつ》絨毛性胎盤と呼びます。これは、

有袋類の生殖器

有袋類の生殖器（子宮・卵巣・膣）は、有胎盤類の生殖器とは少し異なります。子宮の部分は重複子宮のように子宮頸から完全に左右対称に分かれています。ここだけで分類すれば重複子宮の仲間です。では、どの点が異なるのかといえば、膣の部分です。有胎盤類の膣の領域は1つですが、有袋類の場合は2つに分かれているのです。そのため、二子宮と呼ぶことがあります。

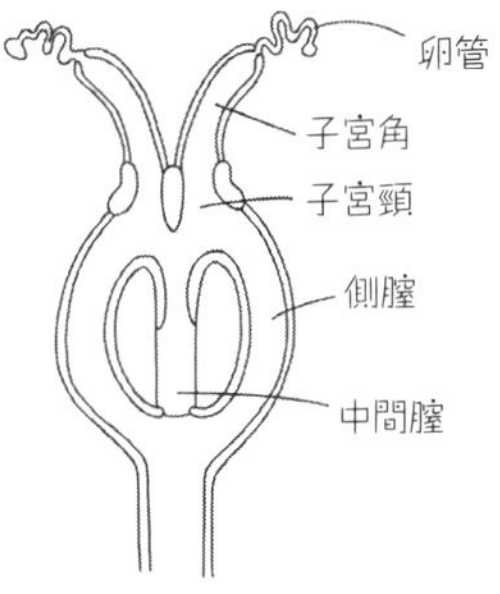

４つの接し方の中で栄養交換は最も効率的ですが、他の胎盤とは異なり出産時は出血等を伴い、母親側の損傷は最も大きいといえます。

これらの４つの母体の胎盤とのつながり方は絨毛膜絨毛の分布と一致しています。胎盤のつながり方は母親が胎仔を出産するときに出血があるのかどうかなどと関連しますね。**図２‐５**を参考にしてください。胎盤を形成すること自体は、全ての有胎盤類で共通した特性です。しかし、子宮の形、胎盤が形成される場所（絨毛膜絨毛の分布）、および母親の胎盤とのつながり方に多様性があることは本当に不思議で、面白いところでもあります。役割としては同じなので、有胎盤類が地球上に誕生した際に獲得した胎盤の構造があったとすれば、全ての種が同じ形態であっても良いのではないかと思ってしまいます。なぜいろいろな種類が誕生したのでしょうか。その一方で、６４００種もの哺乳類が地球上にいるにもかかわらず「たったの」４種類しかないという見方もできます。捉え方や見方によっても不思議さが違ってくるものですね。

特徴３　それぞれの食べものに適した「歯」

異形歯性で二生歯性の歯

哺乳類の歯には、切歯《せっし》、犬歯《けんし》、前臼歯《ぜんきゅうし》、後臼歯《こうきゅうし》と４つの種類があります。このように形の異なる歯を持つことを「異形歯性《いけいしせい》」といい、この特性は哺乳類にのみ見られます。さらに、もう1つ特性があって、それは歯が一度だけ生え変わることです。このことを「二生歯性《にせい》」といいます。我々自身も小学生の頃に乳歯から永久歯に生え変わることを経験していますが、これは全ての哺乳類の歯が持っている特性なのです。爬虫類や魚類の歯も生え変わるのですが、哺乳類とは異なり、複数回生じます。ヒトの歯も複数回生え変わるなら、虫歯のない健康で白い歯が保てるのになあと思うのは私だけでしょうか。

ただ、これら2つの特性が当てはまらない哺乳類もいます。例えば、ハクジラの歯は、異形歯性ではなく、同じ円錐形をした歯で同形歯性《どうけい》です。また、生え変わることもありません（一生歯性《いっせい》）。さらに、ネズミの切歯は生え変わらないだけでなく、一生伸び続ける特徴があります。常に固いものをかじるので少しずつ削れていき、それを補うように伸び続けるのです。このような歯を「常生歯《じょうせいし》」といいます。ゾウの牙（切歯）やイノシシの犬歯も常生歯なので、大人になるほど成長して、立派になっていきます。

歯は何本あるのか

哺乳類の歯は何本あるのでしょうか。ヒトでは、切歯が8本、犬歯が4本、前臼歯が8本で後臼歯が12本（親知らずが全てある場合）の計32本になりますね。大型哺乳類の数はどうでしょうか。**表2-4**にまとめました。このような表し方を「歯式《しき》」

多生歯性（たせいしせい）
古い歯が抜け、一生を通じて何回も新しい歯が生えてくる性質。獲物を獲るために常に新しい歯でいられるという利点がある。

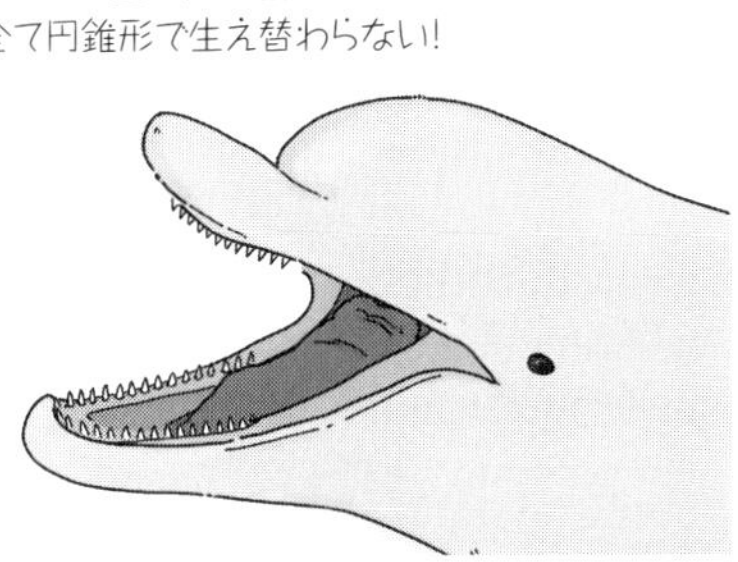
イルカの歯は同形歯

歯式
動物の歯の種類や本数を示す表記法。上顎と下顎を分け、左右どちらか一方について、切歯-犬歯-前臼歯-後臼歯の順に本数で示す。

表 2-4 さまざまな動物の歯式

種	上顎				下顎			
	切歯	犬歯	前臼歯	後臼歯	切歯	犬歯	前臼歯	後臼歯
ヒト	2	1	2	3	2	1	2	3
イヌ	3	1	4	2	3	1	4	3
ネコ	3	1	3	1	3	1	2	1
ヒグマ	3	1	4	2	3	1	4	3
ツキノワグマ	3	1	4	2	3	1	4	3
イノシシ，ブタ	3	1	4	3	3	1	4	3
ニホンカモシカ	0	0	3	3	3	1	3	3
ニホンジカ	0	1	3	3	3	1	3	3
ニホンザル	2	1	2	3	2	1	2	3

といい、左右どちらかのみの数を示しています。見てわかる通り、クマはイヌと同じ本数、ニホンザルはヒトと同じ本数、イノシシはブタと同じ本数なのです。歯の数は分類群ごとに共通していることが多いのです。

また、イノシシ（ブタ）の歯の数は合計44本で有胎盤類の基本歯式とされます。これよりも歯が多い陸棲の有胎盤類はほとんどいません。ただし、哺乳類全体で見渡すと、有袋類（キタオポッサムなど）の基本歯式は計50本であり、海棲哺乳類のハクジラには１００本ほどの歯がある種がいます。ハクジラの仲間における歯の特性は、何から何まで陸棲の有胎盤類と異なります。同じ哺乳類でも歯の数や形に違いがあるのは、進化を考えるうえでも興味深いことですね。

歯の基本構造

歯の形はさまざまですが、基本的な構造は同

歯の数

アフリカに生息するオオミミギツネは、後臼歯の数が多い。ほとんどの哺乳類は、左右に3本ずつであるが、この種は4〜5本ある。

じです（**図2-6**）。それは象牙質《ぞうげしつ》と歯髄《しずい》があることです。歯の中央部分が象牙質で、象牙質の真ん中には神経と血管（歯髄）が通っています。ツチブタやアルマジロの歯は、見た目が私たちの歯とかなり違っていますが、それでも象牙質と歯髄からなる構造は共通しています。

多くの哺乳類の歯は、象牙質が露出した状態ではなく、歯茎よりも上の部分（歯冠部）は薄いエナメル質で覆われています。我々が「白い歯」とみているのは、このエナメル質の色ですね。また、歯茎の中に収まっている部分（歯根部）は薄いセメント質に覆われていて、個体の年齢を調べるときに用います。個体の年齢査定については、**第3章**で詳しくお話しします（102ページ）。

歯の形と食性との関係

歯の形は、犬歯や臼歯ごとに見ても、動物の種間で少しずつ違います。これは食べものに関係していると考えられています。肉食動物は草食動物に比べて犬歯が発達しています。さらには、上顎の最後方の前臼歯と下顎の後臼歯は尖ったナイフのような形をした歯（裂肉歯《れつにくし》）となっています（**図2-7**）。例えば、キツネがネズミを捕食する際には犬歯で捕え、裂肉歯で肉を切り裂いています。

一方、ニホンジカやニホンカモシカなど草食動物では、食べた草を咀嚼する機能

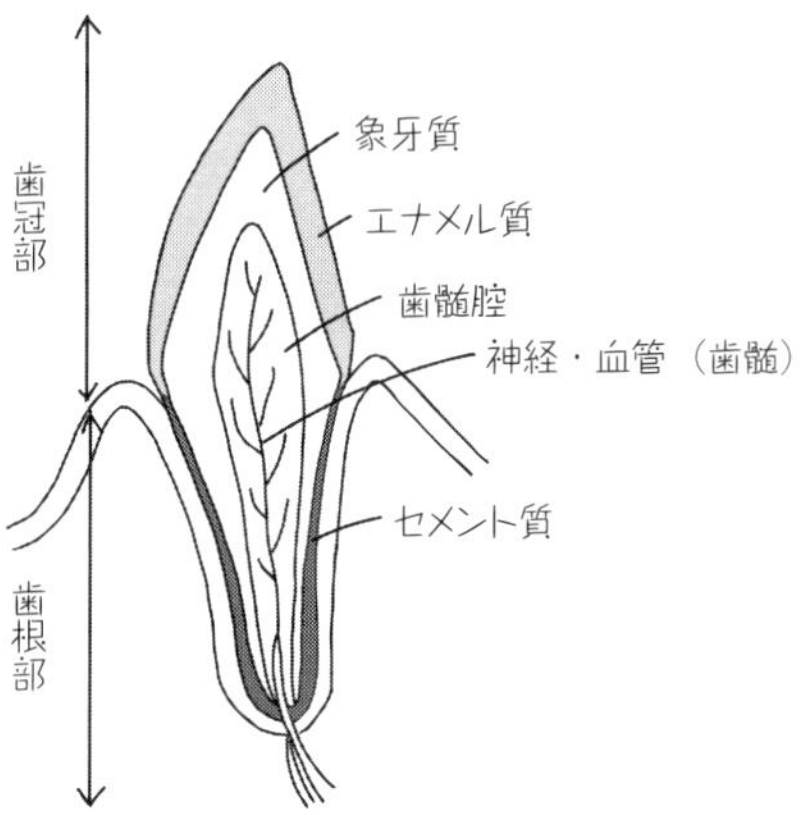

図2-6　歯の基本構造

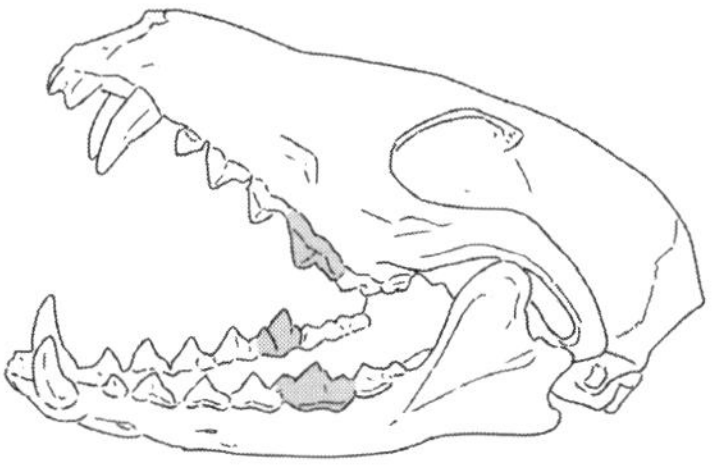

図2-7　裂肉歯（キツネ）

を備えた、大きく平らな臼歯を持っています。切歯も特徴的で、下顎には切歯が6本ある一方で、上顎には切歯がありません。上顎の切歯があるべき場所は「歯板」という歯茎が硬くなった構造になっています（**図2-8**）。この歯板がまな板の役割、下顎の切歯が包丁の役割をして、切るように草を噛みちぎることができるのです。

イノシシ、ニホンザル、ツキノワグマ、それから私たちヒトの歯はその中間的な構造といえます。生え揃った切歯と犬歯で食べ物を噛み切り、奥歯ですりつぶします。食事のときに思い出してみてください。

このように、哺乳類の歯は基本構造が同じながらも、それぞれの動物の食べ物に応じた形と機能を持っています。全然知らない動物でも歯をじっくり観察することで、どのようなものを食べているのか想像することができますね。

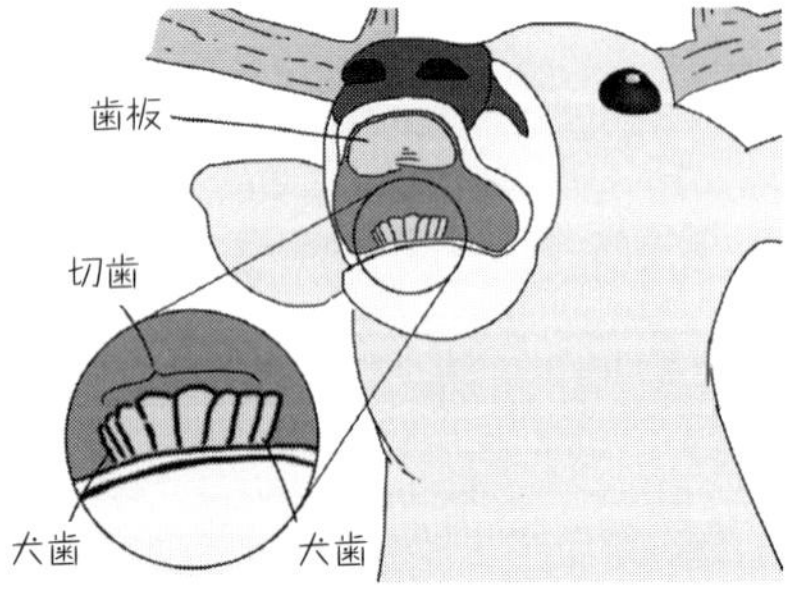

図 2-8　歯板と切歯
前歯の最も外側の歯は犬歯である。

死を見つめる動物

インドネシアのスラウェシ島周辺のみに生息するバビルサという動物がいます。イノシシの仲間であるかれらの犬歯は、常に伸び続ける「常生歯」です。

その伸び方は極端で、上下の犬歯が眉間に向かって大きく湾曲し、皮膚を突き破って伸びていきます。特にオスの方が顕著に大きく伸び、長い犬歯は繁殖の場でメスをめぐるオスどうしの競争やメスへの性的なアピールとして重要な役割を果たしていると考えられています。伸び続ける犬歯は時に自分自身の頭蓋骨を貫通してしまうように見えるので、バビルサは「死を見つめる動物」と呼ばれたりしています。

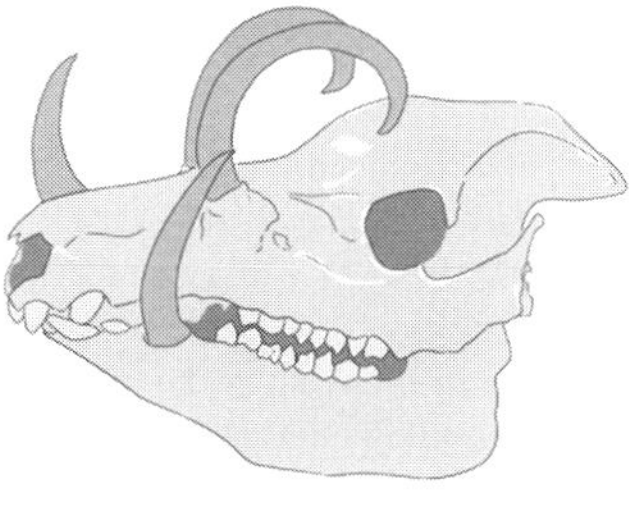

特徴4　体を保護する「体毛」

哺乳類は、ときに「けもの（毛物）」と呼ばれることがあるように、「皮膚に毛がある」という点も特徴として挙げられます。ただ、イヌやネコを見てもわかる通り、短毛の種もいれば長毛の種もいます。また、硬い毛の種もいれば、柔らかい毛の種、毛の密度が高い種など、一口に「毛がある」とはいっても、実に多種多様です。

同じ種の中でも、地域によって毛の長さや硬さ、密度が異なります。例えばニホンザルでは、寒い地域に生息する集団ほど、密度が高く、長い毛を持っています。同じように見える毛でも、よく観察するとさまざまな違いがありますね。

毛の密度

毛の密度を種間で比較してみましょう。哺乳類の中で毛の密度が高い種類としては、イタチ科の仲間が挙げられます。ヒトの頭部は1平方センチメートルあたり200〜300本、合計およそ10万本の毛に覆われていますが、イタチ科イイズナの毛は1平方センチメートルあたり1万2000本、ラッコは15万本と報告されています。ラッコの毛量は、単純計算してヒトの700倍以上です。1つの毛穴から30本ほどが生えていて、1平方センチメートルの枠の中に4〜5000か所の毛穴があるそうです。試したことはありませんが、極細の鉛筆でも、1平方センチメートルの中に

4000の点を描くなんて到底できないでしょうね。相当な密度の毛に覆われていることがわかります。

残念ながら、日本に生息していたイタチ科のニホンカワウソの毛の密度に関するデータはありません。しかし、はく製になったニホンカワウソの毛皮の肌触りは絨毯のようにふかふかで、実に気持ちのよいものでした。ニホンカワウソに限らず、他のイタチ科の毛皮も同じような肌触りで、かつて多くのヒトがこの肌触りと暖かさを求めて毛皮を利用したことがすぐに理解できました。ラッコ、エゾクロテン、ニホンカワウソなどは、毛皮を求めての乱獲が主な要因で減少および絶滅に追い込まれてしまいました。これらの種は、寒い地域に生息することで毛の密度が高くなっていったと考えられますが、その特性がヒトの過剰な利用を招いてしまったと考えると、より一層かわいそうな気持ちになってしまいます。

日本には、毛皮用の飼育を目的にさまざまな種が海外から持ち込まれてきました。中には、飼育途中に逃げ出したりして、外来種として日本に定着してしまった動物もいます。イタチ科のアメリカミンクや齧歯目のヌートリアなどがそれにあたります。戦後の最盛期には日本国内に4000近い毛皮工場があり、年間に1600万頭分の毛皮を輸出していたそうです。これだけの施設で飼育をしていたら、多くの個体が逃げたりしたことは容易に想像できます。現在はどちらの種も特定外来生物に指定されていて（167ページ）、原則日本では飼育することはできません。

毛の構造

毛の構造を**図2-9**に示しました。皮膚から出ている部分を毛幹《もうかん》、皮膚の中にある部分を毛根《もうこん》といいます。毛根は毛包《もうほう》によって覆われています。動物の顔などに生えている毛は、この毛包部分に特別な神経が分布していて、感覚に関係する毛となっています。こうした毛は、保温に関する被毛《ひもう》と分けて、触毛《しょくもう》と呼びます。

毛根の最も奥には毛細血管を含んだ毛乳頭《もうにゅうとう》があり、そこには毛母《もうぼ》細胞と呼ばれる細胞がたくさん集まっています。毛の正体は、この毛母細胞の分裂によってタンパク質であるケラチンが蓄積し、角質化したものです。爪やひづめ、カモシカやウシの角鞘《かくしょう》、アルマジロの体表を覆う甲皮《こうひ》なども、ケラチンが厚く発達したものです。

毛の断面も見てみましょう（**図2-9**）。まず、毛の外側は毛小皮《もうしょうひ》といい（キューティクルともいいます）、うろこが重なり合ったような構造をしています。毛小皮の重なり方は動物によって少しずつ違っているので、その体毛の持ち主を種判別することもできます。ちなみに、うろこが折れ曲がったり欠けたりすると光沢（ツヤ）が失われてしまいます。皆さんも気にされるところではないでしょうか。

その内側は毛皮質《もうひしつ》と呼ばれ、ケラチン繊維の束にメラニン色素が分布

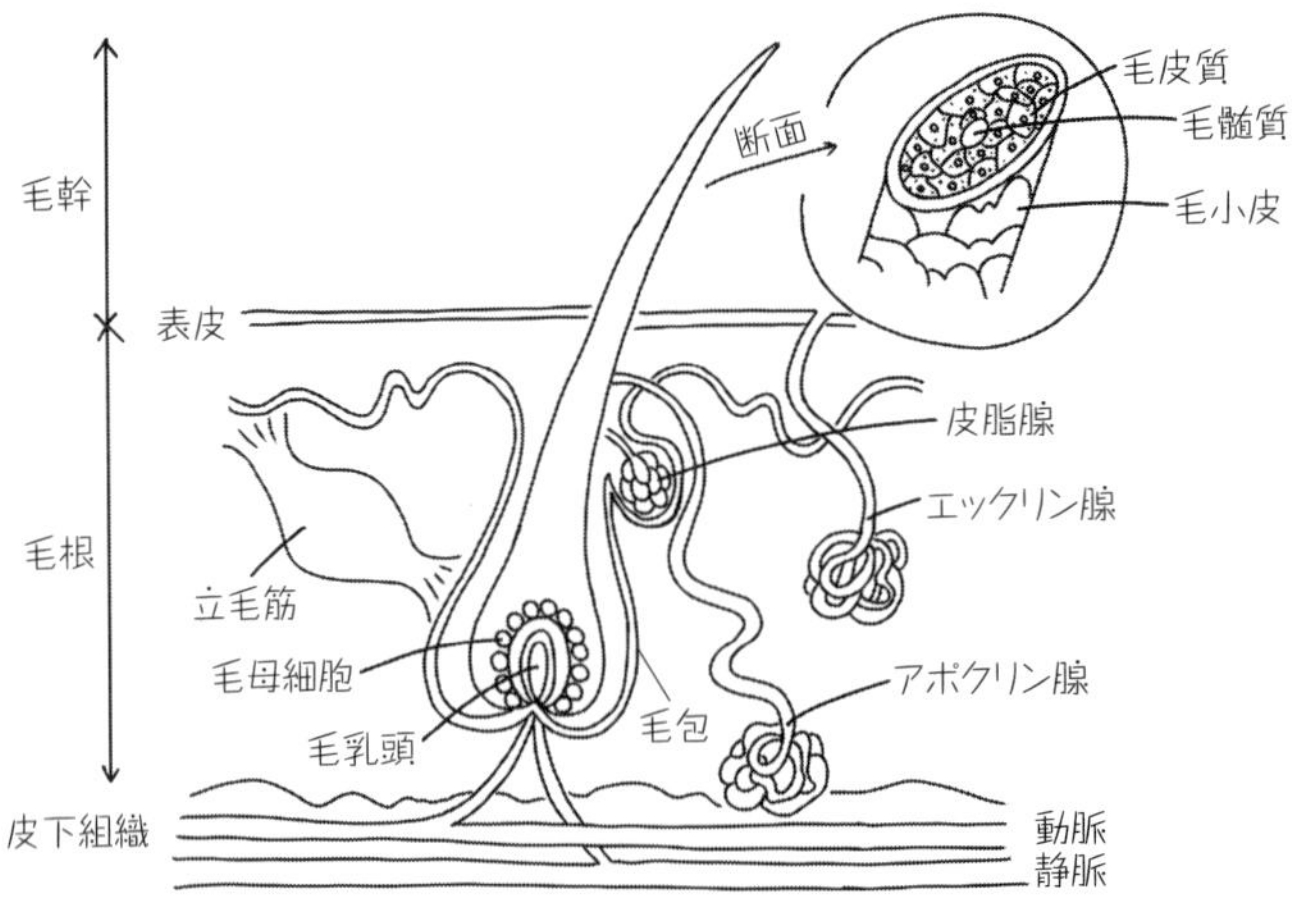

図 2-9　体毛の構造

しています。哺乳類のメラニン色素には主にユーメラニンとフェオメラニンという2種類があり、その割合や密度によって毛の色が決まります。ユーメラニンは黒色に、フェオメラニンが黄褐色に関連しています。ですから、ユーメラニン色素が多く含まれていると黒毛、フェオメラニンが多い場合は黄褐色の毛、どちらの色素も少なければ白色の毛になります。ヒトは人工的な染毛剤を固着させることでさまざまな毛色を楽しんでいますが、自然界にピンク色や青色の毛になるメラニン色素はありません。

毛の中心部は毛髄質と呼ばれていて、無数の空洞（気室《きしつ》）があります。気室に空気をため込むことによって断熱効果や保温効果が得られると考えられています。興味深いのは、冬になると気室の数が多くなることです。

冬の毛は白くて暖かい

多くの動物では夏と冬とで毛を換えます。このことを換毛《かんもう》と呼びます。前に述べたように、毛は毛母細胞が細胞分裂を繰り返すことによって成長するのですが、毛母細胞の分裂は常に活発ではなく、温度や日照時間の変化によって弱まることがあります。細胞分裂の回数が減ると毛の成長は止まり、休止期を迎えます。そして、再び毛母細胞が活性化してくると毛は成長していき、古い毛は押し出されて脱落していきます。このようなことが夏と冬に繰り返され、毛が生え換わっています。

夏毛と冬毛では毛髄質の構造が異なることもあります。シカやウサギでは、冬毛

触毛

になると気室がより多くなることが報告されています(**図2-10**)。その理由の1つは、気室がたくさんあることによって光が拡散して毛が白く見えるという点です。白く見えることによって雪の中で目立ちにくくなり、捕食者から狙われにくくなると考えられています。また、気室が多くあるということは、それだけより多くの空気をため込むことができる構造になるということなので、保温効果が高まります。ダウンジャケットと同じで、どれだけ空気をため込めるのかが保温効果の高さにつながるからです。寒冷地に生息する他の哺乳類ではどうなっているのでしょうか。たいへん気になるところです。

特徴5　体温を保つ「恒温」

哺乳類と鳥類は周辺環境にかかわらず体温を一定に保ちます。このことも哺乳類の特徴です。では、「平熱」がどれくらいかといえば、実は動物種によって少しずつ違っています。鳥類では38〜42℃ですが、有袋類では35℃ほど、単孔類は30〜31℃と少し低い傾向です。また、有胎盤類の場合、ヒトは36℃〜37℃ですが、産業動物や愛玩動物は38℃〜39℃と少し高いことが知られています(**表2-5**)。

さらには、体温が一定とはいっても一日の中でわずかに変動します(1℃以内の範囲)。我々ヒトのような日中の活動量が高く、夜間に睡眠をとる昼行性の動物は、

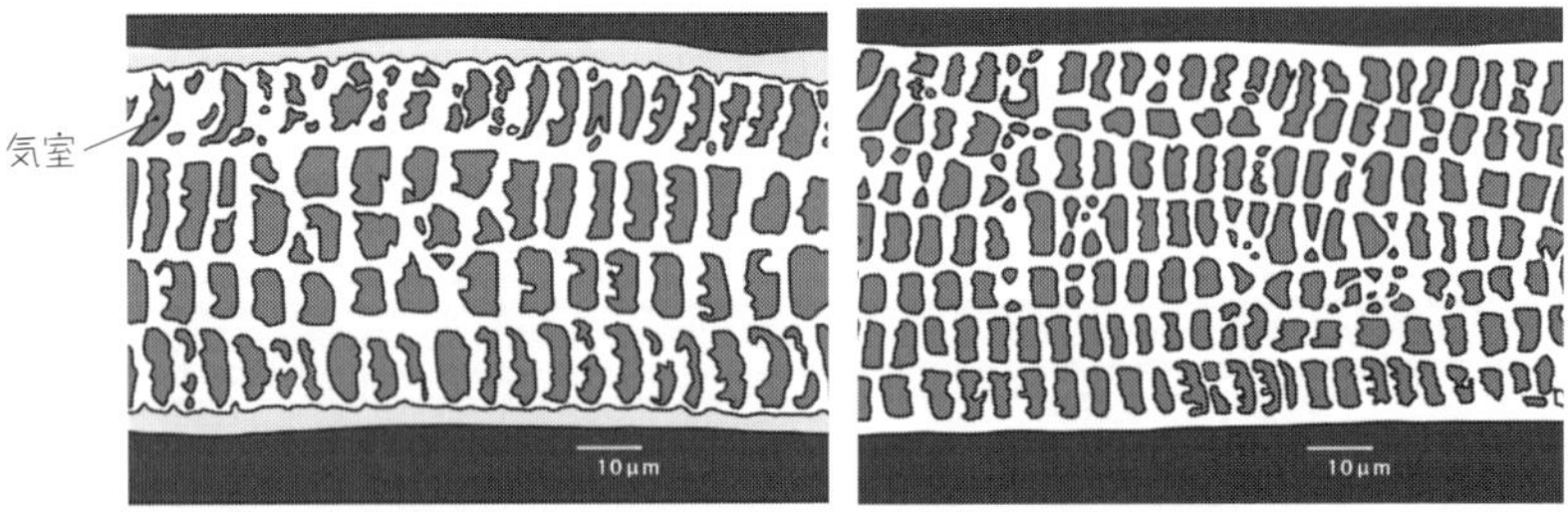

夏毛　気室が少ない　　冬毛　気室が多い

図2-10　夏毛と冬毛(ユキウサギ)(近藤, 2013をもとに作図)

朝の体温が低く、夕方にかけて高くなっていきます。一方、夜行性の動物はその反対で、夕方の体温が低く、朝にかけて高くなるような周期的な変動が見られます。

体温の日周変動はあるにしても、北極のような極寒の環境でも、赤道近くの暖かい環境でも体温がある範囲の温度に保たれている動物を「恒温《こうおん》動物」と呼びます。それに対し、外気温によって体温が変化する動物を「変温《へんおん》動物」と呼びます。哺乳類や鳥類は恒温動物であり、魚類や両生類や爬虫類は変温動物ですね。

体温を調整する

恒温動物は一定の体温に保つよう調節しています。ヒトの場合、35℃以下になると低体温症になり、さらに31℃以下となれば命にかかわります。反対に43℃を超えても、生命を維持することはできなくなります。動物は、有機物を分解しエネルギーを得て、生命を維持しています。生命活動に必要なエネルギーを得るために、常に化学反応が体内で起きていて、その化学反応にはさまざまな酵素が強く関連しています。体温が低下すると、この酵素の活性も低下し、体内の化学反応の速度が急激に低下してしまいます。逆に体温が高くなると、可溶性タンパク質である酵素が変性してしまい、やはり活性は低下してしまいます。そのようにならないよう、常に体温を調節しているのです。では、どのように調節するのでしょうか。

表 2-5　さまざまな動物の体温

動物種	体温（℃）	動物種	体温（℃）
ヒト	36.2～37.8	ラット	38.1
イヌ	38.3～39.0	トガリネズミ	42.0
ネコ	38.8～39.0	カンガルー	36.8
ウシ	38.5	ミユビハリモグラ	30.0
ブタ	39.0	ハリモグラ	32.0

①体温を下げるしくみ

体温が適正値よりも高い場合は、体内の熱を放散して体温を低くしようとします。ヒトには、汗をかき、汗が蒸発するとき皮膚表面の熱を奪って体温を下げるしくみがあります。

汗腺《かんせん》には2種類あり、構造や役割が少し違います。1つは「エックリン腺」と呼ばれる汗腺で、毛とは関係がなく、皮膚に直接開口しています（**図2-9**）。エックリン腺は汗を出すことで体温調節に重要な役割を担っています。特に、ヒトは全身にエックリン腺が分布していて、体温調節に大きく関連しています。一方、エックリン腺を持たない動物や体の一部にしかない動物は多くいます。というより、全身にエックリン腺がある動物はヒト以外知られていないので、ヒトの方が例外的です。イヌやネコはエックリン腺が肉球周辺にしか存在しないとされています。このような動物が体温を調節する場合は、呼吸や舌から熱を放出し、水分を蒸発させます。

もう1つは「アポクリン腺」と呼ばれる汗腺です。毛包のそばにあって、毛根に開口しています（**図2-9**）。アポクリン腺は、全身に分布していて、脂質や糖質などを含んだ液を分泌しています。それを細菌が分解することで、においが生じます。動物特有のにおいは、分泌液そのものが原因ではなく、細菌の分解によって動物の独特の臭いになるのです。このにおいは、フェロモンに似た社会的・性的なコミュニケーションツールとしての役割もあると考えられています。ヒトの場合、アポクリン腺は脇の下などの限られた部分のみに存在します。体表にいる細菌が汗の中にある脂肪酸

パンティングするイヌ

を分解することにより体臭になるのは、野生動物と同じです。

ウマは良く汗をかきますが、これはアポクリン腺からの発汗です。しかし、イヌやネコが全身から汗をかくことは見たことがないはずです。アポクリン腺に頼らざるを得ない動物では、発汗による体温調節が難しいのです。このような動物は、浅くて速い呼吸（浅速呼吸《せんそく》）をすることによって口や気道から水分を蒸発させて体熱を放散し、体温を下げるしくみがあります。激しい運動をしたあとに浅速呼吸になった経験があるでしょう。イヌやネコであれば「パンティング」と呼ばれる行動です。運動直後以外でこの行動が見られたら、体調に少し注意してあげるとよいでしょう。また、日陰や水辺で体温を下げたり、グルーミング（毛づくろい）を行い、体表についた唾《だ》液《えき》が気化することによって体温を下げる場合もあります。

②体温を上げるしくみ

反対に体温よりも外気温が低い場合、体温を維持するためには体温を上げる必要があります。寒いときに哺乳類が体を丸めることがあるのは、こうすることで外気温に触れる体表面積が少なくなり、熱が逃げにくくなるからです。集団となって体温の低下を防ぐこともあります。雪が降る中、群れで暖をとるニホンザルは良い例でしょう。

また、毛の間に空気をためることによって体温の低下を防ぐ方法もあります。毛包についている立毛筋《りつもうきん》（**図2-9**）が寒さで収縮することにより毛が逆立ちます。寒

集まって暖をとる（通称サル団子）

立毛筋
この筋肉が収縮することで毛が逆立つ。これが鳥肌である。

い時に鳥肌が立つのは同じ現象です。ヒトにはあまり毛がありませんが、たくさんの毛で覆われている動物にとっては、毛が立つことによって毛の間に空気が多くなるので、断熱効果を得られます。

毛の構造で紹介したように冬毛の方が空気をため込みやすい構造をしています。特にホッキョクグマの体毛は空気をため込む場所である毛髄質が空洞になっていて、保温性が高い構造をしています。さらに、毛細血管を収縮させることによって、体温の低下を防ぐこともあります。

筋肉の働きによって熱を作ることも体温調節の1つです。ヒトは、寒い時にふるえますが、これは筋肉の働きによって熱をつくり、体温を上げようとする働きです。これを「ふるえ熱産生」といいます。また、鳥類や哺乳類はふるえを使わずに熱を産生する方法も持っていて、褐色《かっしょく》脂肪組織の細胞内で、ミトコンドリアがエネルギー（ATP）をつくる際に熱を発するしくみがあります。これを「非ふるえ熱産生」といいます。

このように、動物の体は適正な温度にしようとさまざまな方法で調節しています。体温が一定であることは、それだけ大事なことなのです。

冬眠は究極の省エネ

恒温動物が体温を一定に保つためのさまざまなしくみを持っていることを述べま

褐色脂肪組織
哺乳類にのみ存在する特殊な脂肪組織。褐色脂肪細胞は、多数のミトコンドリアを持っていることから、熱を産生することに関連している。ほとんどの哺乳類がもっているが、冬眠する動物は多量の褐色脂肪を備えている。

ATP
「エネルギーの通貨」とも呼ばれる化合物。呼吸によりミトコンドリア内で合成され、化学変化する際に大きなエネルギーを放出する。これが、行動から代謝に至るまで、生命活動で必要なエネルギーとして利用される。

したが、熱を産み出すには大変なエネルギーを要します。特に餌資源が乏しい冬では、エネルギーを確保すること自体が非常に困難です。そこで、一部の哺乳類は冬季に自らの体温を低下させて、エネルギーを節約して生存を図ります。それが「冬眠《とうみん》」という行動で、餌資源が乏しく厳しい冬を乗り切る生存戦略の1つと考えられています。

日本の哺乳類では見ると、冬眠する動物としてツキノワグマやヒグマ、アナグマ、シマリス、ヤマネ、それに数種のコウモリが挙げられます。日本の哺乳類に限ると少数ですが、実は冬眠は限られた動物だけが行うのではなく、単孔類や有袋類も含めた180種ほどで知られています。

冬眠の機能は、餌を得ることが極めて難しい時期を乗り切るために、自ら体温を低下させ酸素消費量を減らし、エネルギーを節約することです。反対に言えば、冬季にもエネルギーを得て、生命（体温）を維持することができるのであれば、冬眠する必要はないといえます。実際、アナグマにしてもツキノワグマにしても、比較的温暖な地域に生息する個体では冬眠しません。おそらく、冬季にも餌が得られることと関連しているのでしょう。

冬眠の仕方も動物種によって少し違います。シマリスやヤマネは体温を10℃以下に下げています。ホッキョクジリスでは0℃以下の体温になることが報告されていて、外気温に近い体温になっているようです。かれらは、数日間にわたり低体温になり、心拍数や呼吸数を下げて生活したのちに、「非ふるえ熱産生」によって平熱に戻り、蓄えておいた餌を食べて排泄《はいせつ》をします。その後、再び体温を下げて代謝を抑えていき

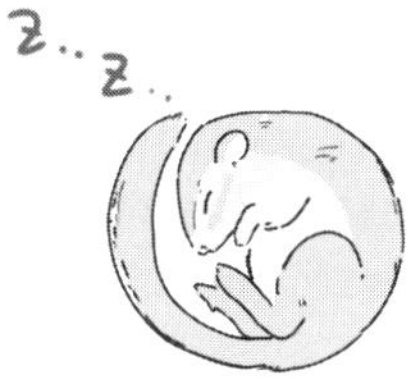

ます。これを周期的に何度も繰り返して、冬季の厳しい時期を乗り切るのです。冬眠するほとんどの動物は、このような眠りと覚醒《かくせい》を冬眠期間中に繰り返します。

それに対し、クマ類の冬眠では体温を30℃ほどで維持させていて、さほど大きく低下させません。ただし、心拍数は通常時の1分あたり40〜50回から8〜10回程度まで低下しています。また、シマリスのように冬眠中にエネルギーを補給することは一切せず、ひたすら冬眠前に蓄えた脂肪を使ってエネルギーを得ています。そのため、冬眠後では冬眠前と比べて体重が20〜40％ほど減少していることが知られています。しかも冬眠期間中は排泄もせず、覚醒することも原則的にありません。

クマは、冬眠期間中にメスが出産し子育てを行うことでも、ほかの哺乳類とは大きく異なっています。出産するメスは、どのような身体のしくみを持っているのでしょうか。非常に興味深いことに、出産しないで冬眠するクマは体温が冬眠前から少しずつ低下する一方で、妊娠したメスはホルモンの分泌によって高い体温（37〜38℃ほど）を維持していて、出産後に体温が低下（35℃以下）するようです。出産後は子の哺育《ほいく》をするわけですが、それは低体温で眠りながら（？）でもできる身体のようです。どんな感覚なんでしょうね。

先ほども述べたように、冬眠しない動物であれば体温が数度低下しただけでも命にかかわります。それに対し冬眠する動物は、自ら体温を低下させ、長期的に生存できるのですから、とても不思議な体ですね。

特徴6　体を支える「骨格」

哺乳類の基本的な骨格構造は似ています。哺乳類だけではなく、ほかの脊椎動物である魚類、爬虫類、両生類、さらには鳥類とも基本的な構造が似ています。どの分類群にも脊椎（脊索の場合もある）があり、手足を支える骨があります。これらの骨を比較することで生命の進化を考えることができます。一方、飛ぶための筋肉を支えるように発達した竜骨突起《りゅうこつとっき》は鳥類のみ、耳の中にある中耳骨《ちゅうじこつ》は哺乳類のみに見られ、特定の分類群だけが持つ骨もあります。ここでは、哺乳類に共通した骨の特性について見ていくことにしましょう。

陸棲哺乳類はいくつの骨からできているのでしょうか。答えは150～250個ほどです。もっともこれは、種子骨《しゅしこつ》という非常に小さな骨を含めるのかどうかによって大きく異なります。いわゆる膝のお皿と呼ばれる「膝蓋骨《しつがいこつ》」も種子骨です。ほかにも指の付け根にも複数存在しています。動物種によって種子骨の数は変異に富みますが、一般的に膝蓋骨以外は骨の数には含めません。ヒトでは種子骨である膝蓋骨のみを含め、206個の骨で形成されています。

骨の数

骨の数が少ない哺乳類はおそらく奇蹄目、多いのはゾウだろう。海棲哺乳類を含めると、さらに多くの骨を持つ哺乳類がいると考えられる。

複数の骨からなる頭蓋

頭だけで、18種類・20数個ほどの骨があります。この多くの骨で構成されている頭の骨を「頭蓋《とうがい》」といいます。「ずがい」でなく、「とうがい」と読むのが適当です。頭蓋は、脳を保護している骨「頭蓋骨《とうがいこつ》」、あごの骨「下顎骨《かがくこつ》」、舌を支える骨「舌骨《ぜつこつ》」からなり、これらの3つを総称して頭蓋といいます（**図2-11**）。

生まれて間もないころ、これらの20個ほどの骨は軟骨でつながっていて、完全にくっついてはいません（この「くっつく」ことを専門用語で「癒合《ゆごう》」といいます）。骨は、ある程度の時間をかけながら癒合し、1つの塊になっていきます。その時間は種によって違い、ヒトであれば2年間ほどの時間を要します。イヌやネコであれば2か月ほどです。癒合の過程では、最初は軟骨であった部分が、徐々に硬骨に置き換わっていきます。したがって、骨の癒合状態から若い個体なのか、ある程度の年齢になっているのかを知ることもできます。

骨と骨が癒合した線を縫合線《ほうごうせん》と呼びます。多くの骨が癒合した頭蓋骨には、あちこちに縫合線が見られます。この縫合線は、年齢を重ねていくと見えにくくなる傾向がありますが、大人になっていてもはっきりと残る縫合線がさまざまなところにあります（**図2-11**）。ミシンで縫い合わせたかのような縫合線を見ると、生命の不思議を感じずにはいられません。

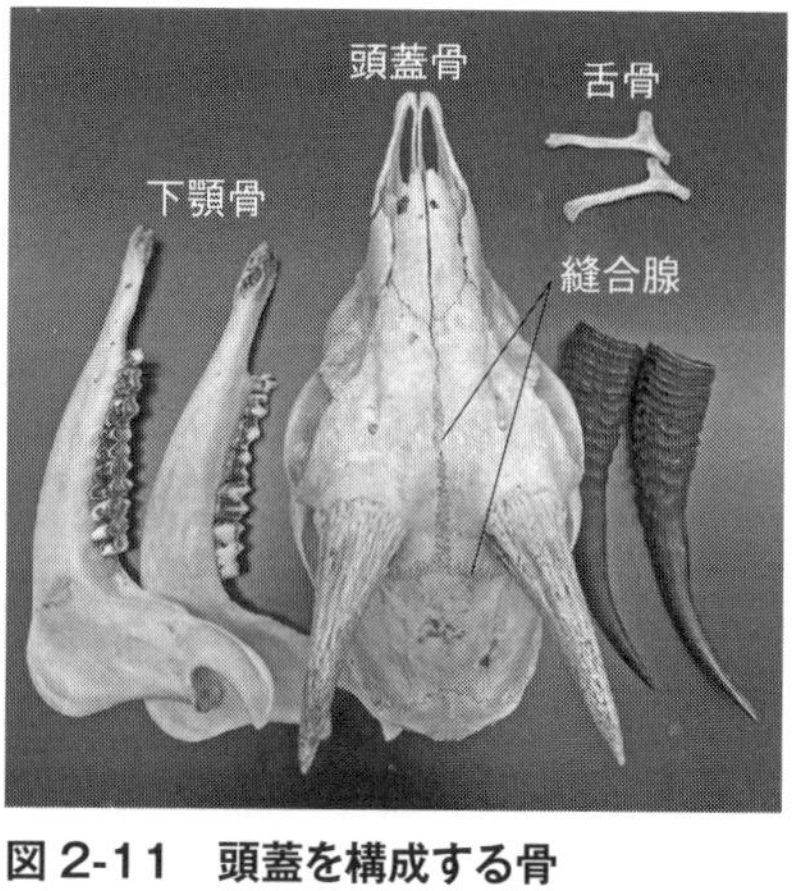

図2-11　頭蓋を構成する骨
（ニホンカモシカ）

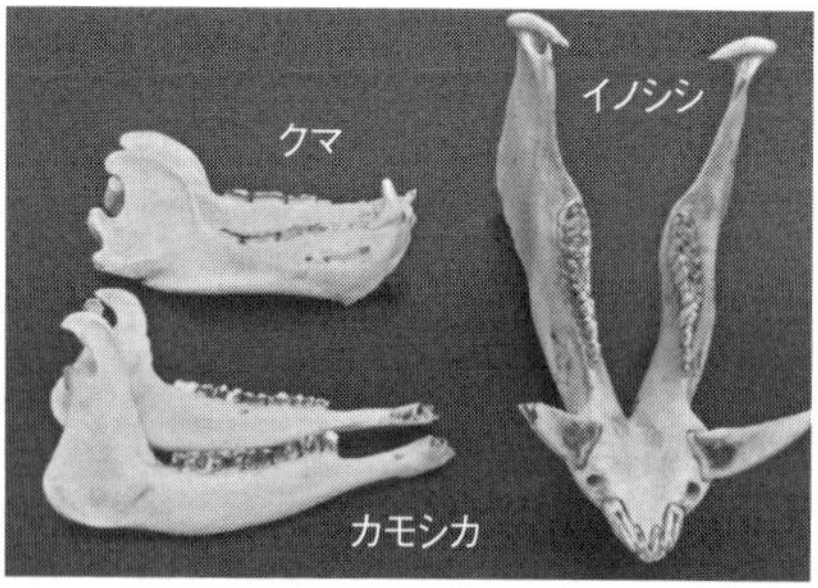

図2-12　下顎骨

下顎骨（1対あります）の癒合は種ごとに少し違います。大型哺乳類で見ると、イノシシとニホンザルは下顎骨の癒合が強いのに対し、クマ類、ニホンカモシカ、ニホンジカの癒合は弱いです（**図2-12**）。どうしてこのような違いがあるのか、その詳細はわかりませんが、1つ考えられるのは、餌との関連性です。硬い餌を食べる種では癒合が強く、強靭な下顎骨が発達してきたのかもしれません。頭蓋がなぜそのような形をしているのかを、かれらの生態と照らし合わせながら想像することは楽しく、その想像が的を射ているのかどうか、明らかにしてみたくなります。

脊椎は体を支える大黒柱

哺乳類には、体を支える脊椎が必ずあります。脊椎は頸椎《けいつい》・胸椎《きょうつい》・腰椎《ようつい》・仙椎《せんつい》・尾椎《びつい》の5つに分けられます。これらの体の軸を成す骨を「軸性骨格《じくせいこっかく》」といいます。種ごとにそれぞれの骨の数を**表2-6**

角はどこから生えている？

ニホンジカやカモシカにとって角は象徴的な部位ですが、頭蓋骨のどこについているでしょうか？ ふつうに考えると、頭の後ろである後頭骨の位置から生えていることを想像する方も多いではないでしょうか。何を隠そう、私自身もそう思っていました。しかし、骨を実際に見てみると、前頭骨から角が生えているではありませんか。我々の頭であれば額から角が生えていることになります。ヒトを基準として考えると間違ってしまうことがあるという一例ですね。

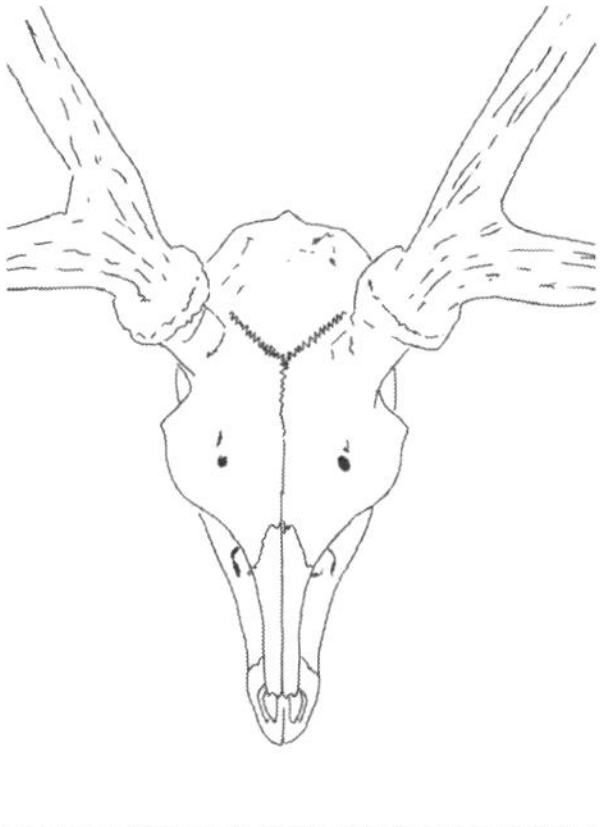

表 2-6　さまざまな動物の脊椎骨数

種	頸椎	胸椎	腰椎	仙椎	尾椎
ヒト	7	12	5	5	3 〜 6
イヌ	7	13	7	3	16 〜 23
ネコ	7	13	7	3	4 〜 26
ヒグマ	7	14	6	5	9 〜 11
ツキノワグマ	7	14	6	5	9 〜 11
イノシシ	7	14	5	4	20
ニホンカモシカ	7	13	6	5	8 〜 10
ニホンジカ	7	13	6	4	9 〜 10
ニホンザル	7	12	7	3	10

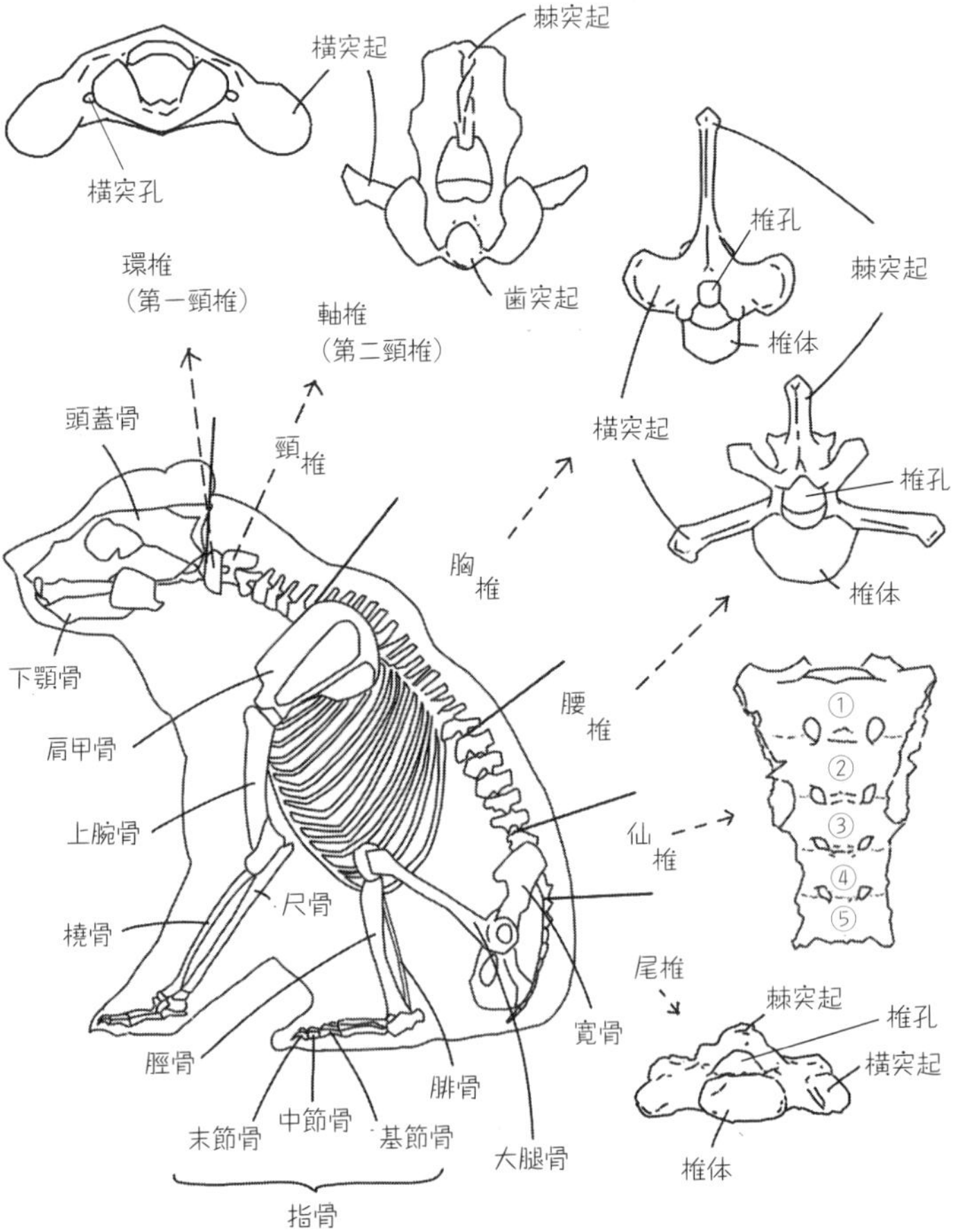

図 2-13　哺乳類の全身骨格（ツキノワグマを例に）

に示します。また、脊椎の基本的な形を**図2-13**に示します。細部の骨の名前はともかく、基本的な部位（椎体《ついたい》、椎孔《ついこう》、棘突起《きょくとっき》、横突起《おうとっき》）は知っておくと、各部位の骨の特性が理解しやすくなります。では、頸椎から順に見てみましょう。

①頸椎

鳥類や爬虫類では首が長い種ほど頸椎の数が多い傾向があります。例えば首の長いハクチョウは25個もの頸椎を持ちます。これに対し、哺乳類の頸椎は基本的には7個と決まっています。首の長いキリンでも、首の短いクジラでも7個です。**図2-14**で確認してみてください。ただし、例外として、フタツユビナマケモノとマナティの6個、ミツユビナマケモノの8〜9個が報告されています。

図2-14　骨格標本で見るキリンの頸椎
頸椎は7個。1つ1つが大きく、長い首を支えている。

頸椎には、ほかの脊椎骨にはない横突孔《おうとっこう》があります（**図2-13**）。これは動脈や静脈が通る孔です。第一頸椎から第六頸椎までは横突孔があるので、もし脊椎の一部を見たときに横突孔があれば、それは頸椎だと判断できます。ただ、種によっては第七頸椎に横突孔がない場合も多いので、注意が必要です。ヒトにはありますが、イヌやネコ、大型哺乳類にはありません。

また、第一と第二頸椎の形は特徴的です（**図2-15、16**）。特に第一頸椎は他の脊椎と大きく異なっています。この骨には椎体がないのです。さらに、棘突起もありません。このような形の脊椎は第一頸椎しかありません。骨の形が環状に見える（**図2-15**）ことから、第一頸椎は別名「環椎《かんつい》」ともいいます。

第二頸椎は、形がお釈迦《しゃか》さまの姿に見えることから、別格な扱いを受ける骨です。亡くなった人を火葬した後、火葬場では「のどぼとけ」の骨拾いをすることがあります。しかし、実はこの時拾っているのどぼとけ、ふだん首元に見えるのどぼとけではありません。本物ののどぼとけは軟骨組織で、火葬すると燃えてなくなってしまいます。骨拾いで拾っているのどぼとけは、第二頸椎なのです。第二頸椎には歯突起と呼ばれる突起があり（**図2-13**）、その部分がお釈迦さまの頭部、椎弓が合掌している手のように見えなくもないでしょう（**図2-16**）。私がこれまでにお会いした猟師さんの中には、撃ったクマを弔う意味で、軸椎を大切に保管されている方がおられました。日本人独特の感性なのでしょうが、骨にお釈迦さまを重ね合わせる文化や宗教は非常に興味深いです。**図2-16**はクマとヒトの軸椎です。お釈迦さまに見えてきまし

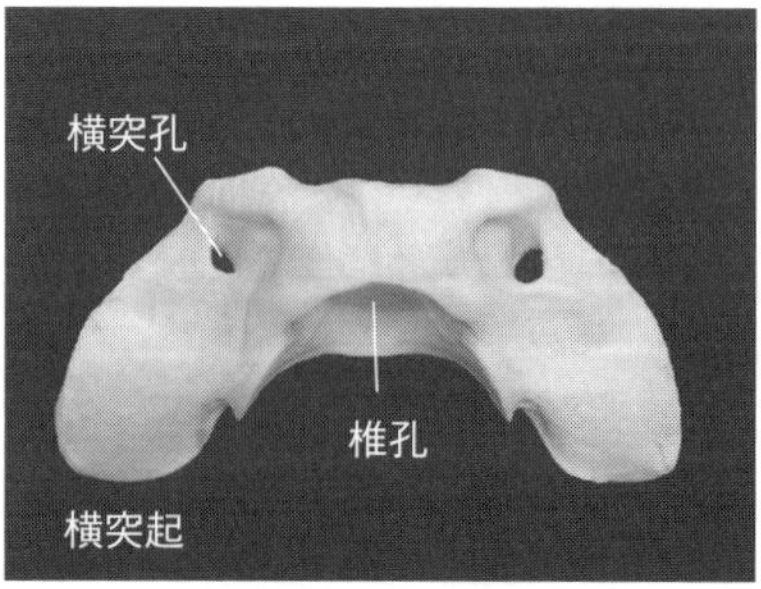

図2-15　環椎（ツキノワグマ）

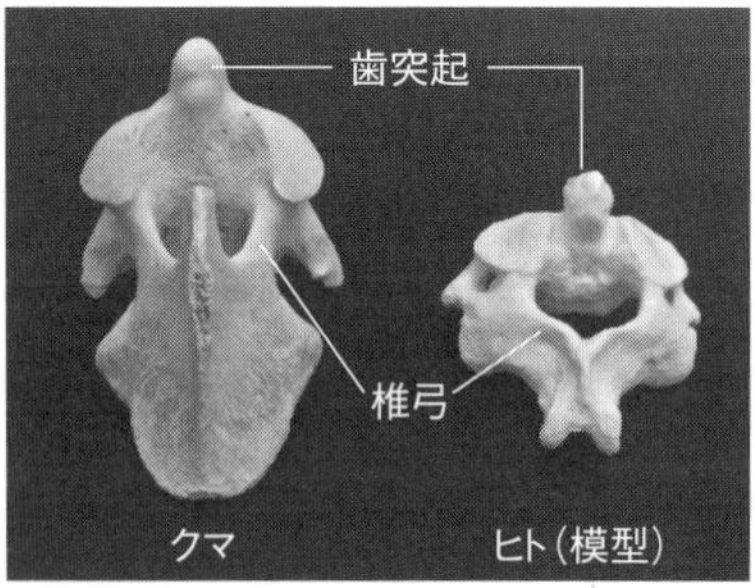

図2-16　軸椎

たか？

ちなみに、この歯突起は環椎の「軸」になっていることから、第二頸椎のことを別名「軸椎《じくつい》」といいます。

②胸椎

胸椎（**図2-17**）は肋骨と連結しています。ヒトとニホンザルの場合であれば、12個の胸椎に12対の肋骨がついています。イヌやネコもたくさんの品種が作られ、大きさはさまざまですが、胸椎の数は皆同じで13個です。分類群による共通性はあるものの、イノシシの胸椎は14個なのに、家畜化したブタは15～16個ということもあります。これは、品種を改良していく中で起きた変化と考えられます。日本の陸棲哺乳類の胸椎は11～16個の範囲（**表2-6**）ですが、アフリカを起源とする哺乳類だと胸椎の数が多くなる傾向があったりします。例えば、ゾウは20個の胸椎があります。どうしてなのか、これはこれで面白いですね。

③腰椎

腰椎は胸椎と異なり、肋骨と連結していないので、横突起が基本的に長いという特徴があります（**図2-13、18**）。腰椎の数は、ほかの椎骨に比べて種内で変異が起きやすいとされています。例えばヒトであれば5個が一般的ですが、6個持っている人も意外といます。クマでも基本的には6個ですが、5個や7個の腰椎を持つ個体がいます。例外的な数の腰椎を持つ個体が出現する要因はわかりませんが、遺伝的な多様性が低い集団で出現しやすい可能性も考えられています。

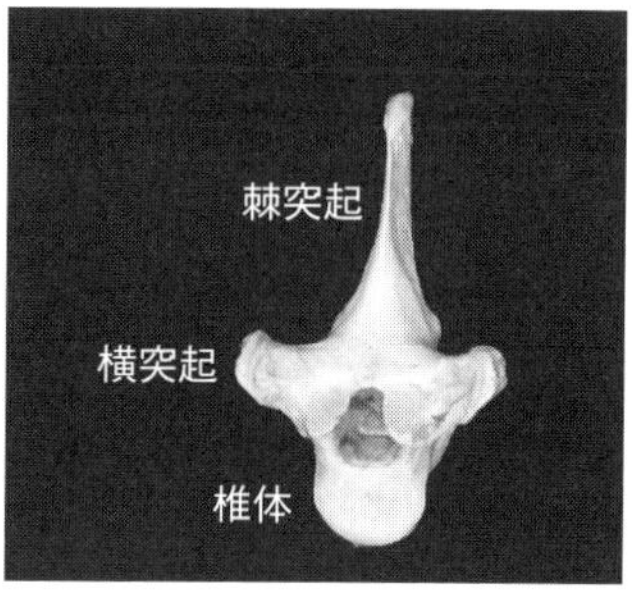

図2-17　胸椎（ツキノワグマ）

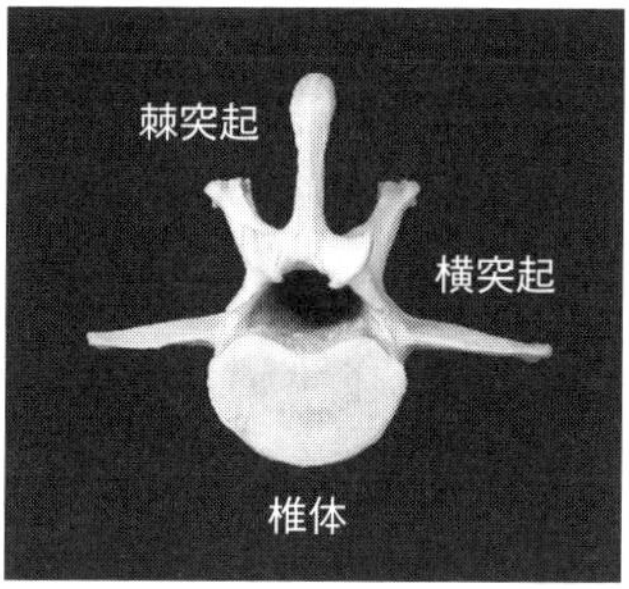

図2-18　腰椎（ツキノワグマ）

④仙椎

仙椎の数は種によって違いますが、通常仙椎は1つに癒合していて、塊になっています。仙椎が癒合した骨を「仙骨」と呼びます（**図2-19**）。**図2-13**でも5個の仙椎が癒合していて、1つの仙骨になっています。若い個体では仙椎が十分に癒合しておらず、骨を湯洗すると遊離します。成長に伴って癒合し、1つの仙骨になっていくのです。

仙椎の近くには、寛骨《かんこつ》と呼ばれる骨があります。この寛骨と仙椎、それに一部の尾椎で「骨盤《こつばん》」を形成します（有袋類の場合、前恥骨《ぜんちこつ》という骨が加わります）。ほとんどの骨は雌雄間で大きさが違うことはあっても、形は変わらないものですが、例外が寛骨です。

どこが異なるのかをニホンカモシカで見てみましょう。メスが出産するとき、胎仔が通る産道は骨盤腔《こう》です。そのために形がオスとメスとでは少し異なっていて、メスはオスに比べ骨盤腔が少し広く、楕円形になっています。また、寛骨が癒合している部分にできるカーブが、オスの方がより鋭角になります（**図2-20**）。

ただし、明確な違いが見られない動物もいます。例えばクマ類がそうです。クマ類は子供が未熟な小さい状態で出産するので（134～135ページ参照）、産道が大きい必要はありません。そのため、雌雄で明確な差が見られないのでしょう。

⑤尾椎

椎骨の最後尾に位置する骨で、ヒトでは3～6個あります。尾がある種もいれば、

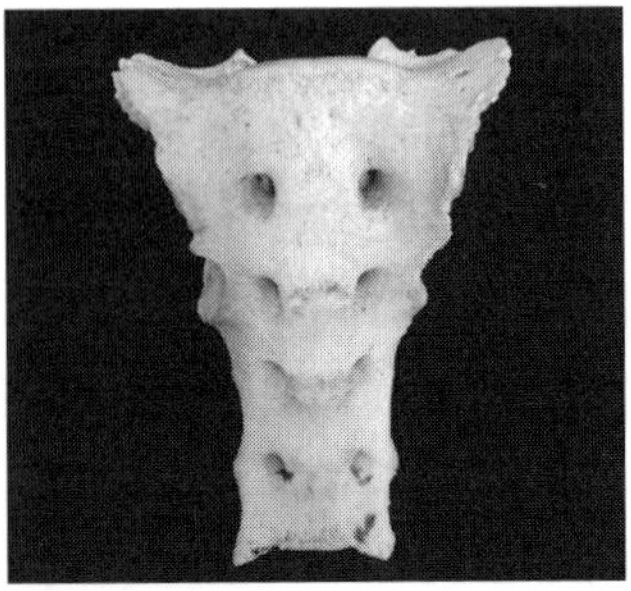

図2-19　仙骨（ツキノワグマ）

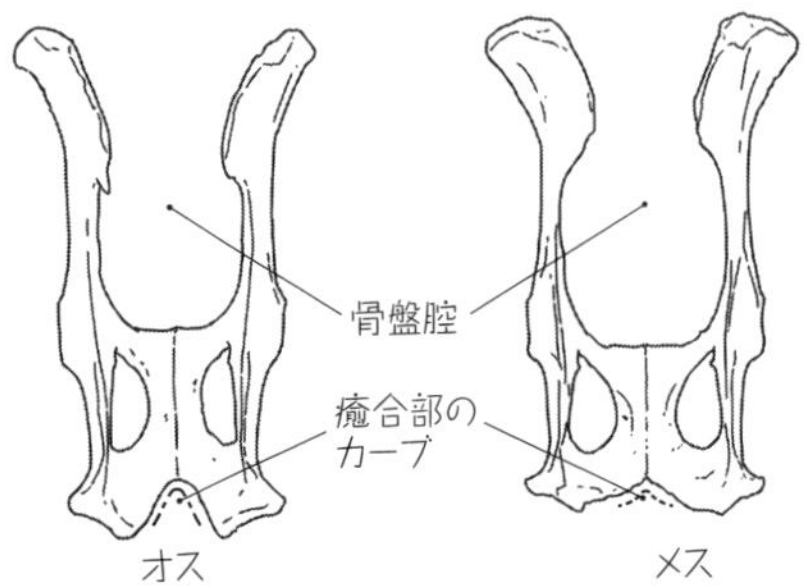

図2-20　寛骨（ニホンカモシカ）

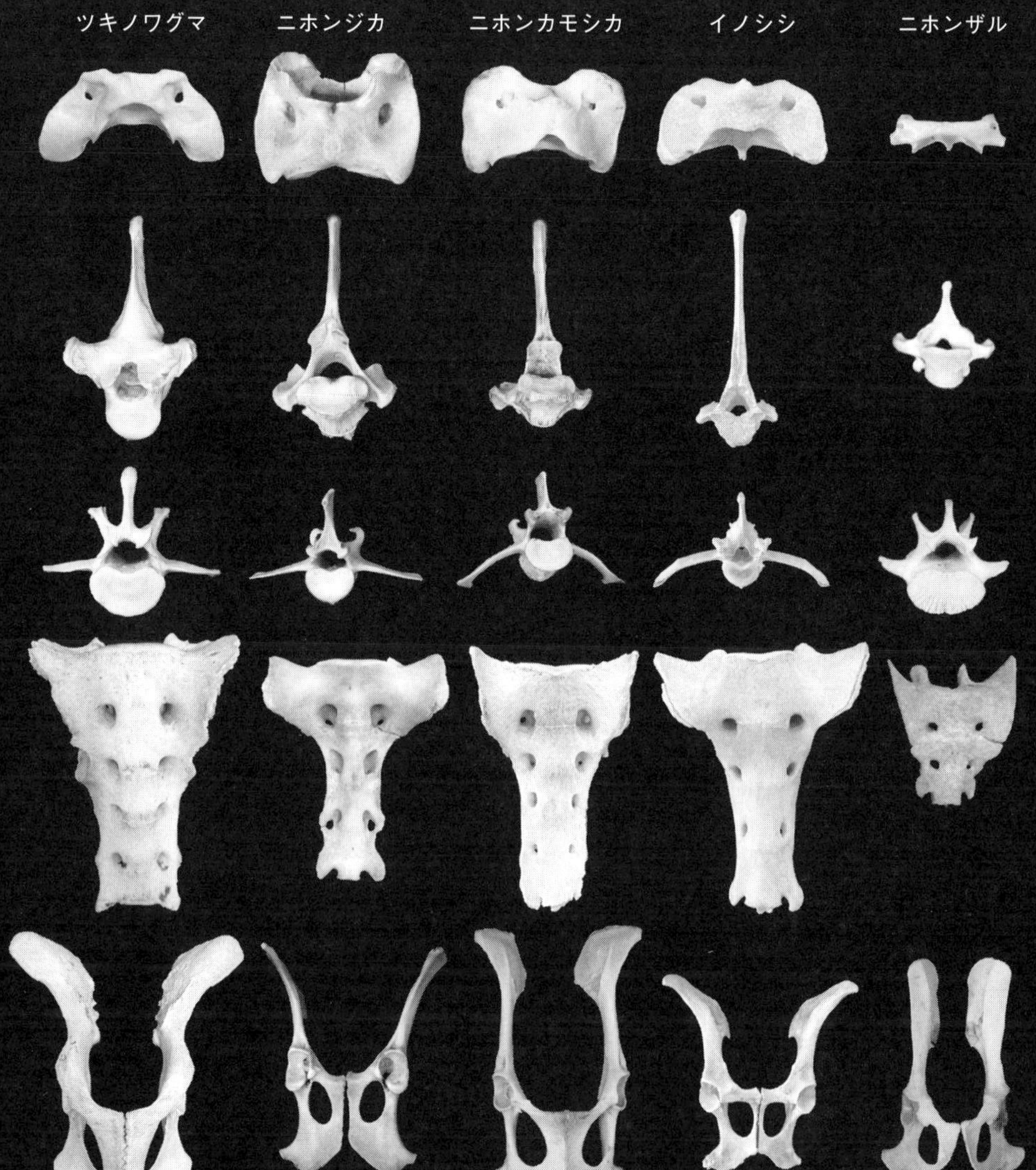

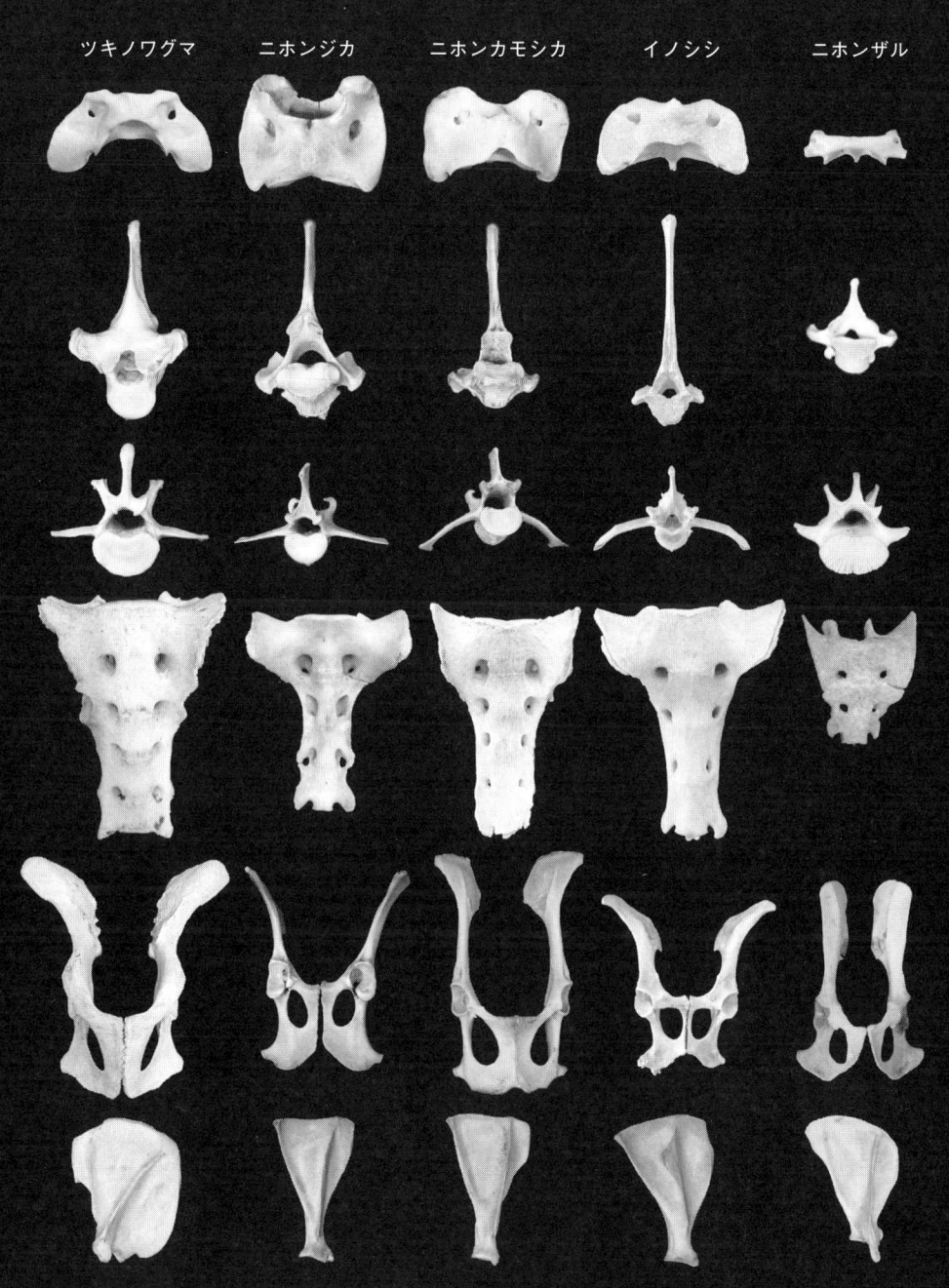

大型哺乳類 5 種の骨
上から、環椎、胸椎、腰椎、仙骨、寛骨、肩甲骨。

ない種もいるように、種間で数を比較すると最も違いが見られます。例えば、長い尾でバランスをとりながら樹上生活をするオマキザルは31個もの尾椎を持っています。

大きな骨・小さな骨

すべての哺乳類には四肢があり、四肢を構成する骨（**図2-13**）を「付属性《ふぞくせい》骨格」といいます。この中で最も長い骨はどれでしょうか？　前肢と後肢の長さを比較すると、ふつうは後肢の方が長いです。したがって、体の中で最も長い骨は、後肢を構成する大腿骨《だいたいこつ》か脛骨（脛腓骨《けいひこつ》）のどちらかになりますね。イヌやネコを含めた食肉目など多くの哺乳類では大腿骨が最も長い骨ですが、反芻動物であるヤギやヒツジ、それにニホンカモシカやニホンジカでは脛骨が最も長い骨になります。

ちなみに、最も小さい骨は耳小骨です。耳小骨とは内耳と呼ばれる耳の奥に存在していて、外部から音として鼓膜に伝わった振動を内耳に伝える働きがあります。鐙骨《あぶみこつ》・砧骨《きぬたこつ》・槌骨《つちこつ》の3つの骨からできています。これらの骨はヒトの場合で数ミリメートル程度の小さな骨です。これに対し、ヒトの大腿骨は50センチメートルほどです。ひと口に骨といっても、かなり違いがありますね。ちなみに、多くの両生類・爬虫類は耳小骨を持たず、鳥類では鐙骨しかありません。耳小骨として3つの骨があるのは哺乳類のみの特徴です。

脛腓骨
腓骨はほとんど退化して、脛骨に癒合している。そのため両方を合わせて脛腓骨と呼ぶ。

歩行を支える骨

哺乳類の歩き方は、どこの骨が地面と接触しているのかによって3つに分けることができます（**図2-21**）。

1つ目は、踵を地面につける歩き方です。ヒトの歩き方で、この歩き方を「踵行性《しょこうせい》」と呼びます。踵骨《しょこつ》、中足骨《ちゅうそくこつ》、それに指骨《しこつ》が地面に接しています。大型哺乳類ではクマおよびニホンザルが踵行性です。芸をするクマが後肢だけで立つことがありますが、踵行性の歩き方をするクマのような動物にとって、それほど難しい姿勢ではないはずです。

2つ目は、指の骨である指骨を地面につける歩き方です。この歩き方は「指行《しこう》性」と呼びます。イヌやネコも含めて多くの哺乳類は指行性です。踵の骨は常に浮いた状態で、我々ヒトでいえば常にバレリーナの立ち姿のような、つま先立ちをした状態でいることになります。

3つ目は、指の骨だけが地面に接する歩き方です。この歩き方は「蹄《てい》行性《こうせい》」と呼びます。イノシシ、ニホンジカやニホンカモシカなどひづめを持つ動物は、この歩き方です。もう少し詳しく見ると、中指と薬指の指先の骨（末節骨《まっせつこつ》）だけが地面に接しています。全体重がその2つの末節骨にかかっているわけで、ヒトならすごい姿勢になりますね。

ただし、踵行性のクマは肉球が、蹄行性のニホンカモシカやニホンジ

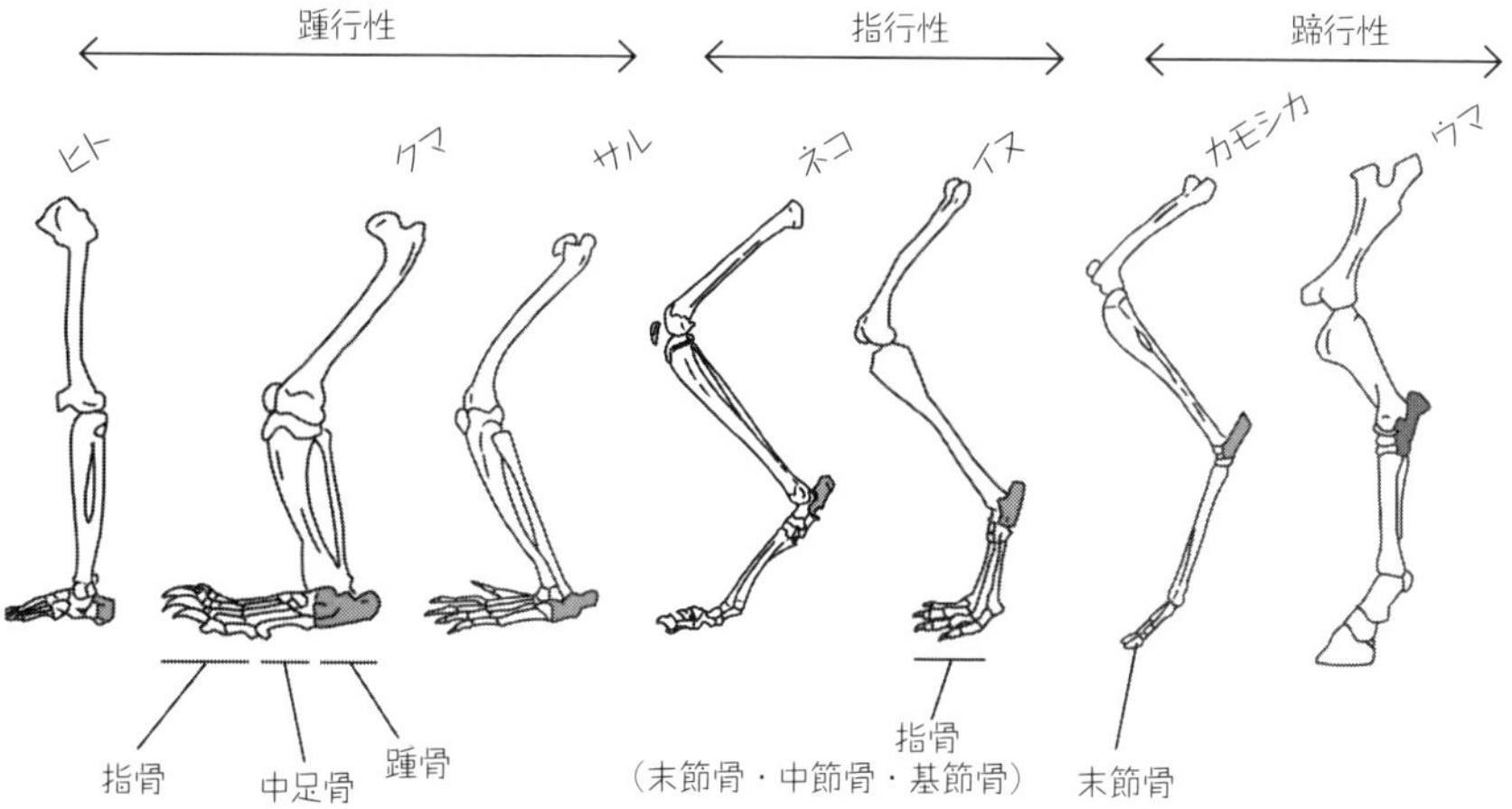

図2-21　歩き方の比較

力は蹄球という柔らかく弾力のある角質が発達していて、衝撃を和らげるような形になっています。「骨だけ」で立っているというのは少し大げさな表現であることに注意が必要です。

特徴7　陸上生活に適した「肺呼吸」

哺乳類を含む動物は、植物や動物を食べることでエネルギーをつくり、生命を維持しています。エネルギーを作る過程では酸素が不可欠です。また、食物から得た栄養素を分解する際には二酸化炭素が発生します。このように、必要な酸素の取り込みと不要となった二酸化炭素を排出するガス交換のしくみが「呼吸」です。

呼吸を行う主な場所は、昆虫であれば気管、魚類であればエラ、陸棲の脊椎動物であれば肺です。「主な場所」と言ったのは、それ以外の場所で呼吸できる動物がいるからです。両生類は皮膚からも酸素を取り込むことができ、粘液のついた湿った皮膚で酸素を溶かして吸収しています。その割合は種によって違いますが、皮膚での呼吸割合は30〜50%であるとされています。ちなみにヒトも、わずかばかりですが、皮膚呼吸しています（生命維持にはほとんど関係ありませんが）。

また、魚類のほとんどはエラで呼吸を行いますが、ハイギョ類は名前の通り肺を持っており、肺で呼吸をしています。大昔にハイギョなどに誕生した肺が、現在の四《し》

ハイギョ類
オーストラリアに1種、アフリカに4種、南アメリカに1種生息する。シーラカンスと同じ肉鰭亜綱に属する。

肢《し》動物の肺へと進化したとも考えられています。

肺の形

ハイギョ類、一部の例外を除く両生類、爬虫類、鳥類、そして哺乳類は肺を持っていて、その役割は基本的に同じです。しかし、構造は少し違っています。両生類の肺は、単純な1つの円筒状であり、イモリなどは左右非対称な構造です（**図2-22**）。爬虫類の肺は種によってさまざまで、トカゲはイモリと似ていていますが、爬虫類のワニでは肺がいくつかに分かれていて、気管支が各肺に入ってガス交換する面積を広くする構造になっています（**図2-22**）。また、空気をためることができる器官（気嚢《きのう》に近い）も獲得しています。鳥類の肺は、ワニにも見られるこの器官（気嚢）が非常に発達し、それらが体内の空気の移動を担っている点が特徴です（**図2-23**）。鳥類の肺自体は、大きくなったり小さくなったりすることはなく、ガス交換のみが行われていて、気嚢がそれらの移動（換気《かんき》）を行っています。鳥類は飛翔する際に筋肉から熱が発生しますが、恒温動物なので体温を一定に保つ必要

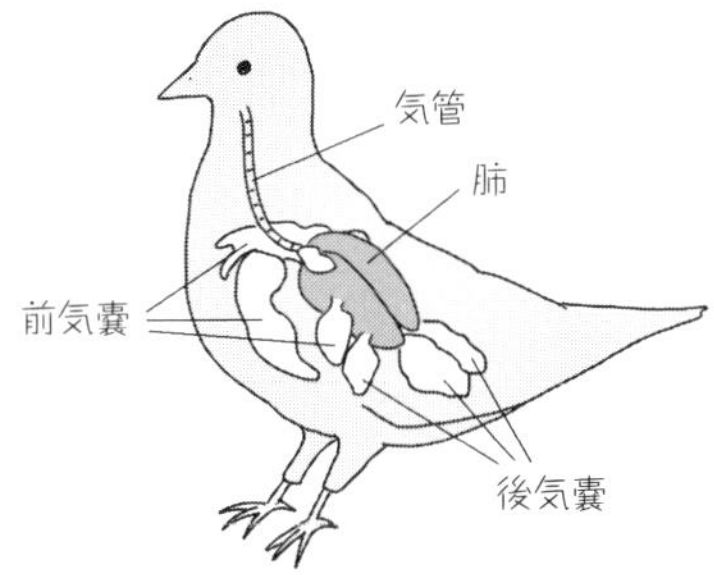

図2-23　鳥類の気嚢

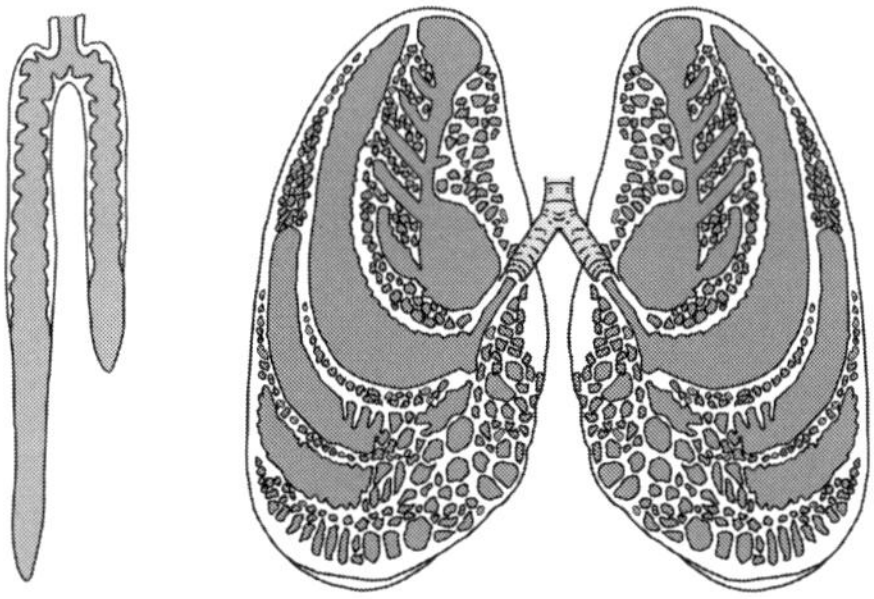

図2-22　両生類と爬虫類の肺
左：両生類（イモリの仲間），右：爬虫類（ワニ目）
（Rietschel をもとに作図）

気嚢
鳥類や一部の爬虫類が持つ呼吸器官。肺と連結していて、新鮮な空気をため込むことが可能である。また、体の軽量化にもつながっている。

があり、気嚢は体を冷やす役割も担っています。

　哺乳類の肺を見ていきましょう。哺乳類の肺は左右1対あり、右肺と左肺はそれぞれ複数の肺葉《はいよう》に分かれています（**図2-24**）。ヒトの場合、右肺が3葉、左肺が2葉に分かれていますが、イヌやネコの場合は4葉と3葉になります（**図2-24**）。大型哺乳類であれば、ニホンカモシカとニホンジカは右が5葉で左肺が3葉です。クマはイヌやネコと同です。ただし、イヌやネコでも右肺が4葉ではなく、5葉に分かれることもあり、全ての個体に共通した特性ではないようです。

　また、どの哺乳類でも、心臓が左側にあるため右肺が左肺よりも大きい傾向があります。ヒトや愛玩動物の肺の大きさについては多くの教科書に示されていますが、野生の哺乳類についてはほとんど記載がありません。我々の研究室で調べた範囲では、ニホンジカにおいて左肺は200～250グラムであるのに対し、右肺は300～350グラムほど、ツキノワグマにおいて左肺は300～400グラムであるのに対し、右肺は400～500グラムであり、個体差は多少あるものの右肺が少し大きい傾向は共通しています。

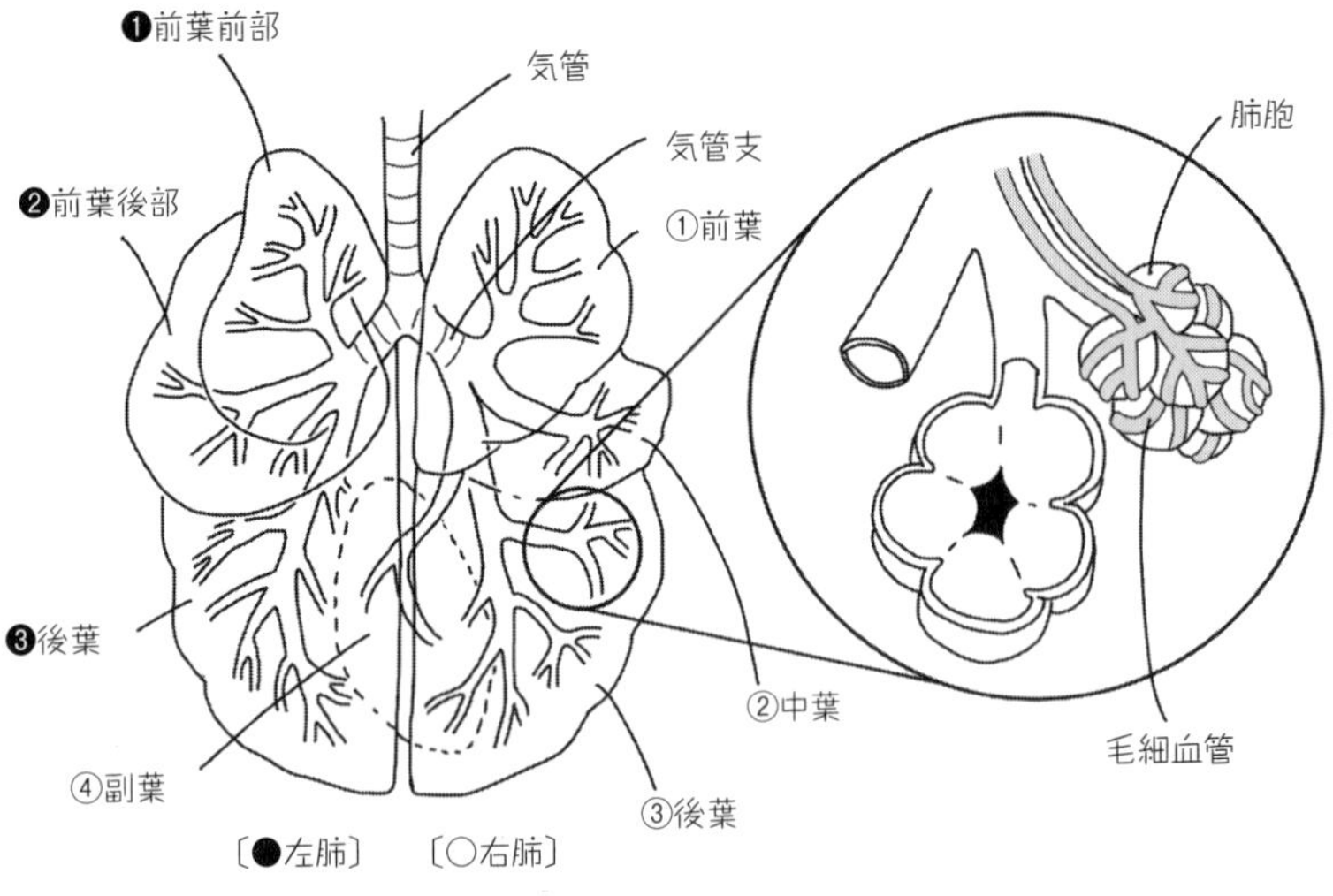

図 2-24　哺乳類（イヌ）の肺

肺のはたらき

口や鼻から入った空気の通路は気管《きかん》です（**図2-24**）。気管は気管支《し》に分かれ、肺に入り、さらに気管支が肺の中で何度も枝分かれします。ヒトの場合、15〜20回ほど枝分かれします。そして、枝分かれした気管支の末端部に肺胞《はいほう》がついています。肺胞1つ1つはたいへん小さく、直径0・1〜0・2ミリメートルほどですが、その数はヒトの場合、3〜5億個ほどにもなります。肺胞を多数持つことによってガス交換を行う面積を広げているわけです。

肺胞の周りには肺動脈および肺静脈の末端である毛細血管が網目状に分布しています。これらの毛細血管に肺胞で取り込まれた酸素が移動し、反対に二酸化炭素は肺胞内へと拡散していきます。まさに、ガス交換が行われている場所になります。では、肺はどのように酸素を取り込んだり、二酸化炭素を排出したりしているのでしょうか。

空気を吸って、吐くしくみ

酸素を多く含む空気が肺胞へ流れ込むことを「吸気《きゅうき》」、反対に肺胞に拡散した二酸化炭素を体外へ排出することを「呼気《こき》」といいます。鳥類では、これらを気嚢が担っていますが、哺乳類では肺が大きくなったり小さくなったりすることで起きています。ただし、それを肺自体が制御しているわけではありません。肺の拡大縮小は、胸腔《きょうくう》内の容積の変化によって受動的に生じています。胸腔とは哺乳類にのみ存在する横隔膜《おうかくまく》と肋骨《ろっこつ》およびその間にある肋間筋《ろっかんきん》によって仕切られた空間で（**図2-25**）、これにより、効率的に酸素を取り込む仕組みになっています。なお、胸腔と腹腔を仕切る横隔膜は哺乳類にのみ見られます。

吸気は横隔膜や肋間筋が収縮し、胸腔内の容積が増大することによってもたらされています（**図2-25**）。面積が増大したことよって胸腔内の圧力が低下し（陰圧《いんあつ》が強まる）、その結果として受動的に肺が拡張し、体内の圧力よりも圧力が高い外の空気が入ってきます。

呼気はその反対で、横隔膜や肋間筋が弛緩《しかん》して胸腔内の容積が縮小することによって肺は縮小し（陰圧が弱まる）、圧力が高くなった肺の空気は圧力が低い外に移動します（**図2-25**）。

ちなみに、横隔膜と外肋間筋は呼吸に大きく関連しているので「呼吸筋《こきゅうきん》」あるいは「主吸息筋《しゅきゅうそくきん》」とも呼ばれています。哺乳類の肺は胸腔内の圧力の変化によって小さくなったり大きくなったりしていて、その結果として酸素を取り込み、二酸化酸素を排出しているのです。

1分間に何回呼吸する？

ヒトや家畜では1分間あたりの呼吸数が調べられています（**表2-7**）。もち

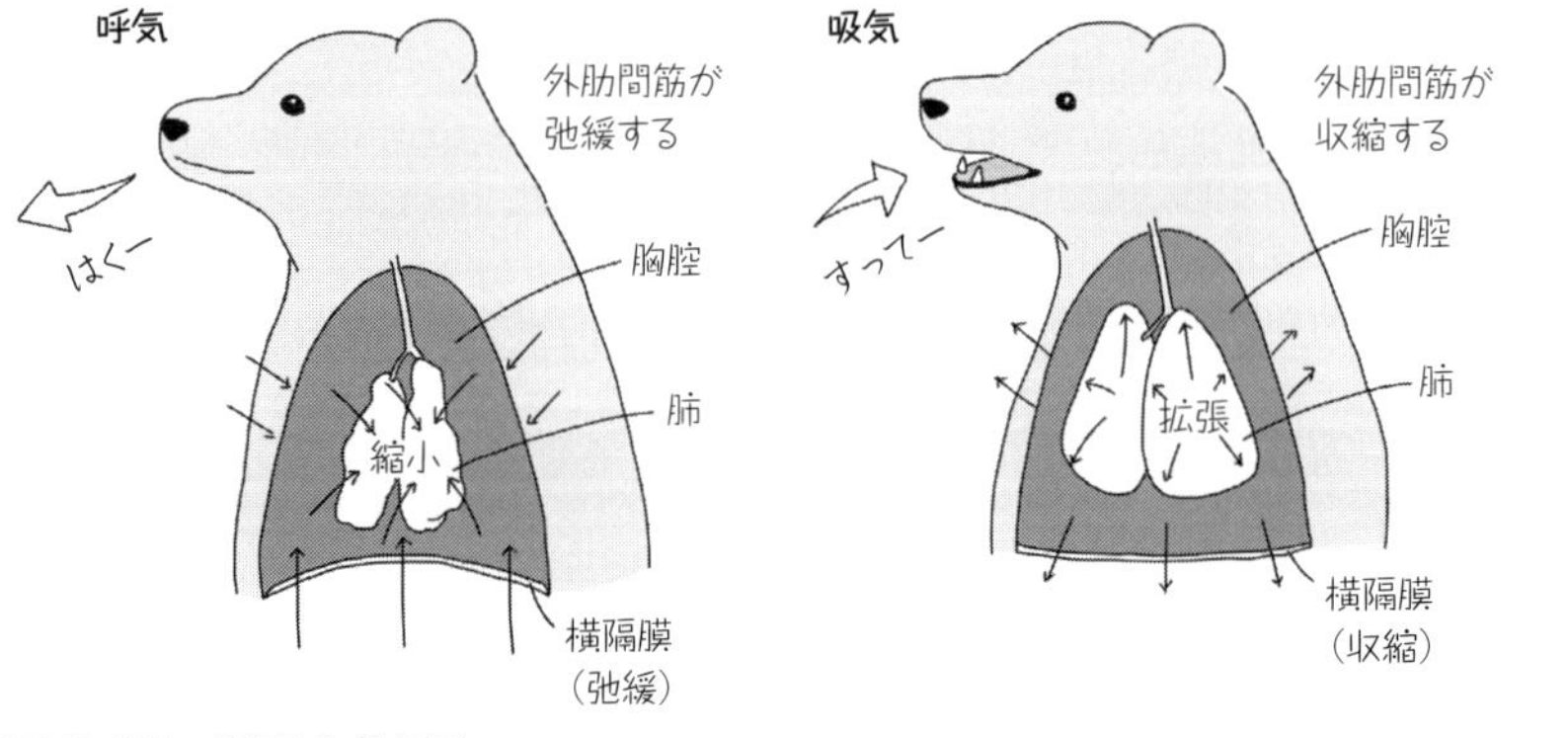

図2-25　呼吸の仕組み

ろん年齢や姿勢、運動の有無、体の大きさ、さらには健康状態によっても異なってきますが、平時でゾウは6回であるのに対し、ハムスターは80回ほどです。イヌでは、品種や年齢によって異なりますが、おおよそ20〜30回程度です。年齢によっても違いがあり、ヒトであれば、成人では20回前後ですが、乳児では40回前後です。

呼吸される空気の量でも違います。ヒトの場合、成人男性で500ミリリットルあるのに対し、ウシは1回あたり3400ミリリットルもの空気を吸っています。体の大きさによる顕著な差異がありそうです。

大型哺乳類の場合はそのような記録はなかなかないのですが、動物園で計測したデータがあります。それによれば、ツキノワグマは1分間あたり20回前後です。ただし、捕獲されたことによって興奮している場合や、暑い日ではより早い心拍数になったりしますので、その範囲は状況によって大きく変わるでしょう。どのような値が正常値であるのか判断するためには、さまざまな条件下での値を比較する必要がありますね。

特性8　4つの部屋に分かれた「心臓」

脊椎動物である魚類、両生類、爬虫類、鳥類そして哺乳類は、共通して心臓を持ち合わせています。心臓は、全身に血液を供給する大事な臓器です。酸素を多く含ん

表 2-7　さまざまな動物の呼吸数

(Findt, 2006 より改変)

動物種	回数（/分）	容量（ml）
ヒト	15〜20	500
ネコ	30	34
イヌ	20〜30	320
ウシ	30	3400
ウマ	10	7500
ゴールデンハムスター	70〜80	0.83
ゾウ	6	

だ血液は、全身へと流れていきます。全身を巡るうち、さまざまな臓器で酸素が利用され、血液は次第に酸素に乏しい状態になり、心臓に戻っていきます。酸素を多く含む血液を動脈血《どうみゃくけつ》と呼び、酸素が乏しい血液を静脈血《じょうみゃくけつ》と呼びます。このような動脈血と静脈血の循環を行うためのポンプの役割として、心臓は極めて重要な臓器です。

心臓の構造

心臓の役割は脊椎動物の中では大きく変わりませんが、その構造は分類群ごとに少しずつ違っています（**図2-26**）。魚類（ハイギョを除く）は1心房1心室ですが、両生類は2心房1心室、鳥類と哺乳類は2心房2心室です。爬虫類は1つの形ではなく、カメ目だと両生類と同じく2心房1心室ですが、ワニ目は2心房2心室です。

心房が血液を受け取る部屋であるのに対し、心室には血液を送り出すポンプの役割があります。そのため、哺乳類の心房と心室では血液を送り出す力が異なっています。筋肉の厚さを比べてみると一目瞭然で、心室の筋肉の方が圧倒的に厚いという特徴があります。また、全身に血液を送り出す左心室の筋肉は、肺に血液を送り出す右心室よりさらに厚くなっています。

心臓の大きさは、種間や年齢などによって違いがあり、イヌは体重の0・75%、ネコは0・35%ほどであることが報告されています。ヒトであ

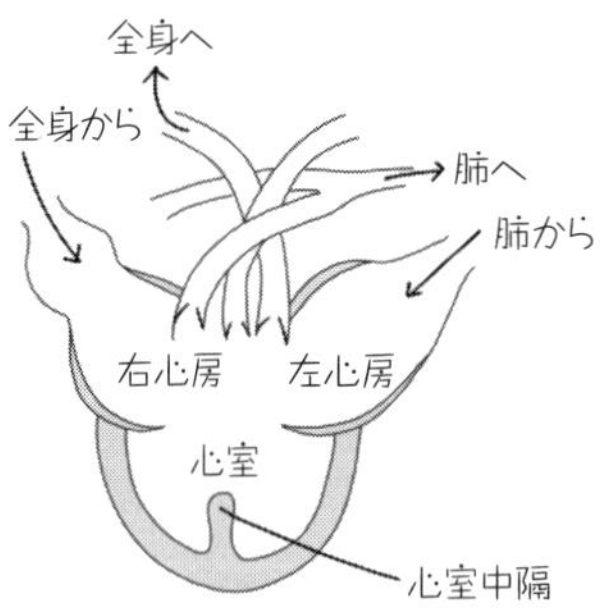

〔爬虫類〕

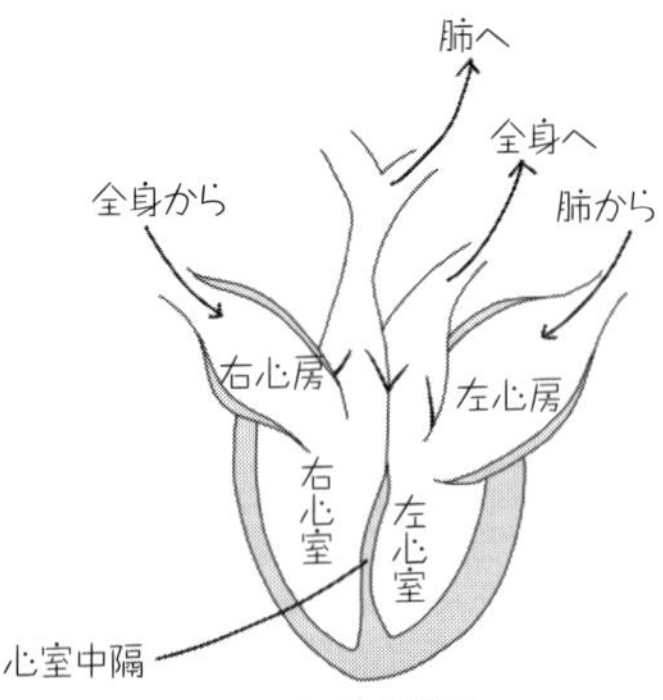

〔哺乳類〕

れば300グラムほどの重さであり、体重を70キログラムとした場合に0・43%ほどになります。一般的に、運動が活発な動物の心臓は相対的に大きいとされています。その1つの例が運動性の高いウマで、体重に対する1%ほどの重さの心臓（4～5キログラム）を持っています。データは少ないのですが、野生の哺乳類について我々の研究室が調べたところ、ニホンジカで0・40%、ニホンカモシカで0・41%、クマで0・51%ほどでした。どれも似たような値ですね。

血液の流れ

分類群間で、心臓にはどのような違いがあるのでしょうか。魚類の場合、心臓に戻ってきた静脈血が心房から心室に入り、静脈血のままエラに送り出されたのち、エラで二酸化炭素を排出し、酸素を取り入れて動脈血となり、全身に流れていきます。つまり、魚類の心臓には静脈血しか流れていません。

両生類は肺を持っていますが、皮膚でも呼吸し、酸素を血液に取り込みます。全身を回って心臓に入ってきた静脈血は右心房に入ったのちに、心室に移動します。心室に戻った血液は、肺に送り出され、肺によって酸素が血液に取り込まれた動脈血となって、左心房に戻ってきて、心室に移動します。魚類から両生類に進化して、エラ呼吸から肺呼吸に変わったことによって、心房がもう1つ必要になったのではないか

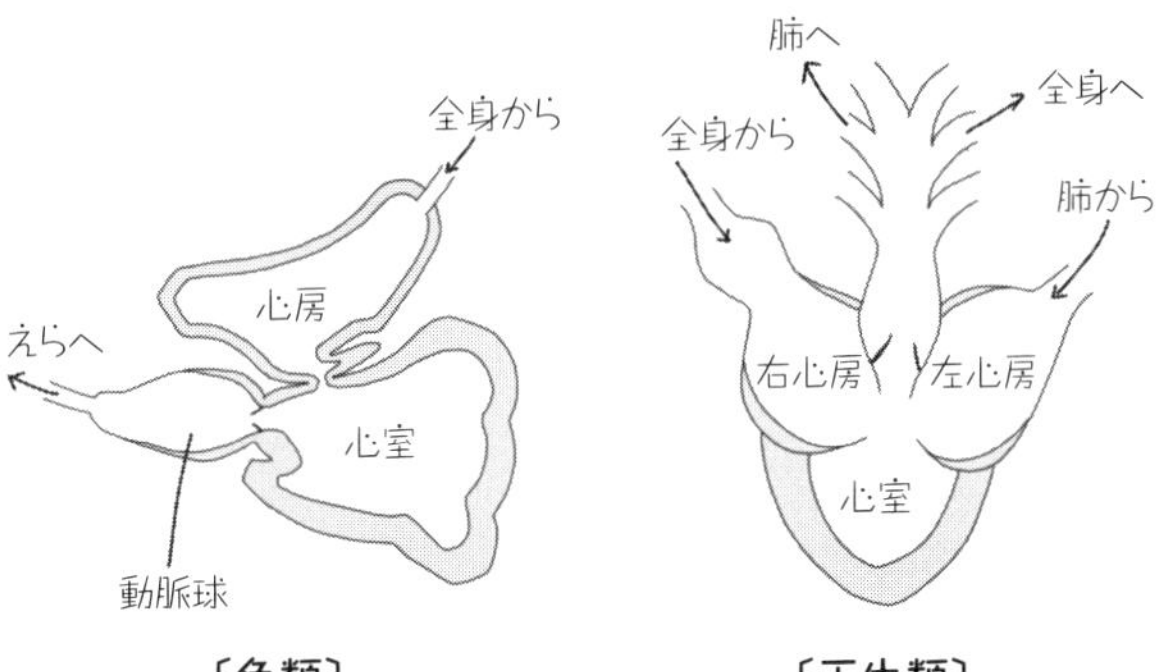

図 2-26　脊椎動物における心臓の比較

と考えられています。両生類の心臓の特徴は、心室が1つしかないため、左心房から入ってくる動脈血と右心房から入ってくる静脈血が1つの心室で混じりあってしまう点です。混じりあった血液は心室より送り出されて全身へと流れていく仕組みとなっています。これによってどの程度の効率の違いなどが生じているのかは、よくわかっていません。

それに対し、全ての鳥類と哺乳類では心室を仕切る壁（心室中隔《ちゅうかく》）があって2つに分かれています。2つあるため、全身から右心房に戻ってきた静脈血と、肺から左心房に戻ってきた動脈血が心室で混じることがなく、肺で十分な酸素を取り込んだ動脈血だけが全身に送り出される構造になっています。全身を巡って心臓に戻ってくる血液循環（体循環）と、心臓から肺に送り出され、再び心臓に戻ってくる血液循環（肺循環）とが分離しているのです。完全に分離したことは大量の酸素消費を可能とし、これが恒温動物であることにつながったとも考えられています。

心拍数・血圧・血液量の比較

右心房にある心臓特有の細胞が集まった「洞房結節《どうぼうけっせつ》」が規則正しい電気信号を発生することによって、心房と心室が一定の間隔で収縮と弛緩を繰り返しています。これが心臓の拍動です。

この収縮と弛緩の回数（心拍数）は、ヒトでは1分間に70回程度です（**表2-8**）。

1日であれば10万回、約80年を一生とすると30億回も心臓が収縮と弛緩を繰り返していることになります。この回数は、動物種によって大きく異なっています。ラットでは1分間で300回、ウサギは200回、ネコは120回、ゾウでは30回ほどです。その中で、最も回数が多い動物として知られるヨーロッパトガリネズミでは、1300回にも達することが報告されています。1秒間に20回もの収縮と弛緩をしている訳です。すごい速さで心臓を動かしている動物がいるのですね。

哺乳類の心拍数は、体重と負の関係性があり、体重が重いほど心拍数が少ないことが知られています。また、心拍数と寿命との間には深い関連性があることも報告されていて、生涯の心拍数は哺乳類のどの種でも似たような回数であると考えられています。

血圧は、血液によって血管が押される圧力を指します。血圧が高い動物は、それだけ多くの血液量を送り出しているといえます。血管の太さは動物種によって異なるので血圧の単純な比較には気を付ける必要がありますが、目安としてはよいでしょう。ちなみに、ヒトでは一回の拍動で送り出す血液量は70ミリリットルです。それを10万回繰り返していますので、1日で心臓によって送り出されている血液量は7000リットルということになります。一般的な家庭のお風呂の水量は250リットル程度ですから、その28倍ほどに達するとは、心臓が握りこぶしくらいであることを考えると想像を絶する量です。そのことによる動脈への圧力（血圧）は70〜120水銀柱ミリメートルで、安静時の平均血圧は100水銀柱ミリメートルといったところです。

表 2-8　さまざまな動物の心拍数（Flindt, 2006 より改変）

動物種	心拍数（回 / 分）	動物種	心拍数（回 / 分）
ヒト	60〜90	ブタ	60〜80
イヌ	60〜180	ウシ	45〜50
ネコ	110〜130	ヒツジ	60〜80
キツネ	100	ウマ	32〜44
キリン	60	マウス	450〜550
ウサギ	150〜280	トガリネズミ	500〜1300

血圧もさまざまな動物で調べられています（**表2-9**）。イヌやネコでは100〜110水銀柱ミリメートルの血圧で、ウマやウシ、それにブタといった産業動物でもわずかに高い110〜120水銀柱ミリメートルの範囲です。血圧が高い動物としては、キリンの200〜300水銀柱ミリメートルが知られています。心臓から長い首の先にある脳にまで血液を押し上げるため、高い血圧になっているのです。いずれにしても、動物が生きている限り、心臓はこれだけの力で、休むことなく拍動し続けているのです。

表2-9に示したのは最もよく調べられているヒトをはじめ、産業動物や実験動物のデータです。おそらくは基本的な機能や構造は大きく変わらないでしょうが、種や生息環境の違いでどのような相違点や共通点があるのかという視点は重要です。今後、さまざまな野生動物でもデータが蓄積されていくことを願っています。

水銀柱ミリメートル（mmHG）
血圧の単位。1水銀柱ミリメートルは約75ヘクトパスカル。

表2-9　さまざまな動物の血圧（Flindt, 2006より改変）

動物種	最高血圧（mmHG）	最低血圧（mmHG）
ヒト	120	80
イヌ	156	100
ネコ	155	100
チンパンジー	136	80
ウシ	134	88
ブタ	169	108
キリン	340	220
ゴールデンハムスター	170	120

第3章

哺乳類のくらしを知る

1728年、8代将軍徳川吉宗の命によって、ベトナムから長崎へ2頭のアジアゾウがやってきました。1頭のゾウは到着後間もなく死んでしまいましたが、生き残ったもう1頭のゾウは、およそ80日間をかけて長崎から江戸まで歩いて移動したため、多くの人々が見物しました。

これまでに見たこともない大きさの動物を見た人々はどのように思ったでしょうか。しばらくは茫然としてしまいそうですが、まずは目の前にいる巨大な動物の名前を知りたがったかもしれません。さらに関心を持ってゾウを見た物好きは、

①オスなのか、メスなのか
②何歳なのか
③今見ている大きさが最大なのか、あるいはもっと大きくなるのか
④どんな環境に生息しているのか

1728年に渡来したゾウの絵。「オス，7才」と書かれている（国立国会図書館デジタルアーカイブ）

⑤その生息環境で何を食べているのか
⑥どのような繁殖をして子孫を増やしているのか
⑦そもそも何頭ぐらいいる動物なのか
といった疑問が次々とわいてきたことでしょう。

もし、こうした情報がわかったら、得体の知れない動物ではなく、その動物を少し理解した気持ちになることでしょう。人間関係でも同じかもしれません。目の前にいる人物が誰なのかがわからなければ、不安になることでしょう。しかし、相手の名前を知り、年齢を知り、どんな環境で生活してきたのかがわかってくると、共感できたり、親近感を持ったりすることができるのではないでしょうか。

存在は知っていても、野生の哺乳類を実際に見たことのない方も多いと思いますが、正しく理解するためには確かな情報を得ることが大事です。では、哺乳類の①〜⑦の情報はどうすれば知ることができるでしょうか。**第3章**では、日本の大型哺乳類の例を中心にその科学的手法を見ていきます。哺乳類のことを少しずつ理解して、かれらとの心理的な距離を縮めていきましょう。

3-1 性別を知るには

多くの哺乳類では、メスをめぐってオスどうしが争い、勝ったオスがメスと繁殖します。繁殖期のオスはメスを獲得するために必死です。繁殖に関連して、成熟に至るまでの成長や形態が雌雄で異なる場合も多々あります。オスのほうがメスにくらべ体が大きかったり、オスだけが立派な飾りをつけていたりする種を見ることがあるでしょう。

このようなことからも、対象としている個体がどちらの性なのかは、動物の生態を理解するうえで知っておきたい基礎的な情報の1つといえます。では、どうすれば性を判別することができるでしょうか。

性別を知る方法

①外見の違い

哺乳類は、外見から性判別しやすい動物です。鳥類や魚類では、外見から全く区別がつかず、繁殖期になって色鮮やかな婚姻色や形態的な特性が現れ、ようやく性別がわかるようになる生物も少なくありません。

一方、哺乳類では、雌雄で外見が大きく異なる部位があります。それは外部生殖器です（**図3-1**）。多くの哺乳類のオスは、生殖器である精巣《せいそう》が陰嚢《いんのう》と呼ばれる袋状の皮膚に覆われた状態で、腹部の外に垂れ下がっています。精巣でつくられる精子が熱に弱いため、体温よりも低く保つためです。陰嚢に包まれた精巣が外に垂れ下がっていることを確認できれば、オスであると判別できます。遠くからでは精巣が確認し

図3-1　外部生殖器の例
チーターのオスの陰嚢

づらい種もいますが、捕獲すれば注意深く観察することができるので、外部生殖器から性判別ができることは利点です。ただし、これも全ての哺乳類に共通の判別方法ではありません。陰嚢が存在しない動物もいるからです。ゾウやアリクイなどは、腹腔内に、サイ、バクなど鼠径管《そけいかん》に精巣があります。

外見の姿で見分けることのできる哺乳類もいます。例えばシカの仲間は、オスのみが立派な角をつけるので、角の有無だけで雌雄を判別することができます（トナカイだけは雌雄ともに角をつける例外ですが）。ゾウも、ある程度の年齢になれば牙の太さや長さが雌雄によって異なるので、外見上で判別がつけられます。ライオンも、ご存知のように、たてがみの有無で雌雄を判別することができます。このように、オスとメスで形や性質などに違いがあることを性的二型《せいてきにけい》といいます。

ゾウの雌雄は外見で判別できる

②遺伝子から判断する

遺伝子からも性判別ができます。哺乳類の性は、性染色体の組み合わせによって決まり、受精時に性染色体の組み合わせがX染色体どうし（XX型）であった場合にはメス、X染色体とY染色体の組み合わせ(XY型)になった場合にはオスになります。

性決定遺伝子

個体の性別を決定する遺伝子であり、哺乳類ではSRY遺伝子、メダカではDMY、サケではsdY遺伝子が重要な役割を果たしていることが知られている。ただし、哺乳類以外で性決定遺伝子がわかっている種は未だわずかである。

SRY

哺乳類のY染色体の短腕に位置し、胎生初期にこの遺伝子が発現するとオスになる。ただし、鳥類や両生類、魚類の性決定遺伝子はSRYではない。

＊：SRY遺伝子が発現しないこともまれにあり、XY型の組み合わせを持つ個体でもオスにならないことがある。

特に、Y染色体にある性決定遺伝子（SRY [sex-determining region Y] と呼ばれる領域）が重要で、この遺伝子が発現すると精巣の形成が誘導され、オスとなります。

この性決定遺伝子は1990年に発見され、哺乳類全体で同じ遺伝子が関連していることが明らかになっています。ヒトもシカもクマもみんな、オスであればSRY遺伝子がY染色体上に存在します。ですから、たとえ外見上で性別が不明であっても、体毛など組織の一部からDNAを抽出し、SRY遺伝子の有無を調べることによって性を判別することができるわけです。*

以前、札幌市の円山動物園で生まれたホッキョクグマの子供の性別を誤ってしまったことがあり、結局、遺伝子を用いて性判別をすることで正しい性が判別できました。ホッキョクグマの子供は、生殖器の外見などで性判別することが結構難しいようです。母親が

SRY遺伝子のない哺乳類

個体の性を決めるのに重要であるSRY遺伝子を持たない不思議な哺乳類がいます。それは鹿児島県の奄美大島と徳之島に生息するアマミトゲネズミ（**図**）とトクノシマトゲネズミで、かれらはY染色体を持っていません。現在のところ、この特性を持つ哺乳類は、この2種以外に中東に生息する齧歯類1種でしか知られていません。

かれらにはY染色体がないので、SRY遺伝子もないということになります。それでも、オスとメスは存在し、有性生殖によって子孫が生まれています。さらに面白いことに、沖縄本島に生息する近縁種のオキナワトゲネズミはY染色体を持ちます。アマミトゲネズミとトクノシマトゲネズミだけどうしてY染色体をなくしたのか、どのように性が決定しているのか、たいへん興味深いのですが、まだ十分には解明されていません。

子育てをしている最中に幼獣へ近づくことは極めて危険です。こんな時に糞や毛からＤＮＡを抽出し、性決定遺伝子ＳＲＹで性判別できれば間違いをなくせますね（時間とお金がかかるという別の問題もありますが……）。

3-2 年齢はわかるのか

哺乳類の生態を知るためには、何歳で成熟を迎えるのか、何歳まで繁殖できるのか、さらには何歳まで生きられるのかなど、生存にかかわる情報を年齢と照らし合わせながら調べていくことも大切です。では、ある個体の年齢を知るにはどうすれば良いのでしょうか。

ヒトは、１人１人の生年月日がわかっているため、すぐに自分自身が何歳であるかを答えることができます。多くの愛玩動物や産業動物も、何年何月に生まれたのかを飼い主などが把握しているため、その個体が何歳であるかはすぐにわかります。一方、野生の哺乳類が、いつ生まれ、いま何歳なのかを知ることは簡単ではありません。そこで、体の大きさや顔つき、体毛の白髪の程度などの外見の特性から年齢を推定することがあります。この方法でも、個体が若いのか年寄りなのかといった、ある程度の年齢を知ることができるでしょう。ただ、ヒトでも年齢のわりに老けた顔や反対に童顔の人がいて、実際の年齢と推定が大きくかけ離れていることもしばしばあります。

図 3-2　年齢にともなうニホンジカの角の変化

外見だけで査定することは結構あてにならないものだということを、皆さんも実感されたことがあるのではないでしょうか。イヌやネコもいろいろな顔があって、実際の年齢と見た目がかけ離れている個体もいますね。では、野生の哺乳類はどんな方法で年齢を推定すればよいのでしょうか。

年齢を知る方法

①角から推定

　ニホンジカやニホンカモシカでは、角から年齢を査定する方法があります。オスのニホンジカは毎年冬になると角を落とし、春になるとまた新しい角を生やします。面白いことに、新しく生えてくる角の形は、年齢とともに少しずつ変化してきます（**図3-2**）。0歳の仔鹿は角が生えていません。1歳になると、枝分かれのない可愛らしい1本角が、2歳になると1か所枝分かれした角、3歳になると2か所で分かれた角、4歳になると3

角を落とす
　専門的には「角の脱落」という。冬に起きる。

三叉四尖
　ニホンジカの亜種であるヤクシカでは、三叉四尖になるオスはほとんどいない。また、高齢個体でも1本角になるオスは多く存在し、基本的に貧弱な角である。

か所に分かれた角が生えてきます。最終的な角は3か所で分かれた3叉になり、尖ったポイントが4か所できます。これを三叉四尖《さんさしせん》とよんだりします。たまに五尖となる例外的な個体もいますが、基本的には4歳以降は角の形は変わらないので、0歳から4歳までの推定なら角の形で可能なわけです。しかし、4歳以上の個体の場合、この方法では年齢を推定できません。

ニホンカモシカでは、角にできた凹凸から年齢を推定することができます（**図3-3**）。ニホンジカと違いニホンカモシカの角は脱落しません。その角はケラチン質でできた鞘《さや》に覆われていて、この鞘に夏季と冬季の成長の違いから凹凸ができます。これを角輪《かくりん》といいます。夏季は餌が豊富にあって成長が良いのに対し、冬季は餌が乏しくほとんど成長できません。これが鞘に1年に1つ、凹凸として現れるというわけです。

しかし、年齢査定をするのに、こんなに好都合な部位を持っている種はほとんどいません。角のないクマやサル、4歳以上のニホンジカはどこで年齢を推定するかというと歯になります。

②歯から推定

哺乳類の年齢は、歯のセメント質にできる年輪を調べることで推定できます。歯の構造については**第2章**（60ページ）でお話ししましたが、年齢推定を行う方法は次のようなものです。

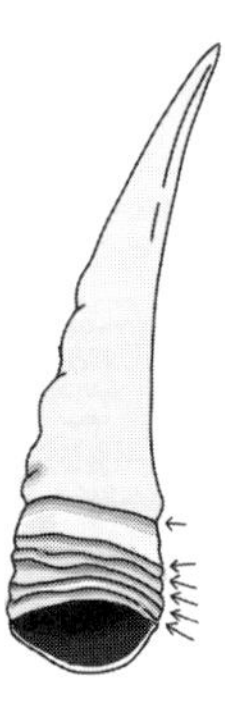

図3-3　ニホンカモシカの角の角輪（←）

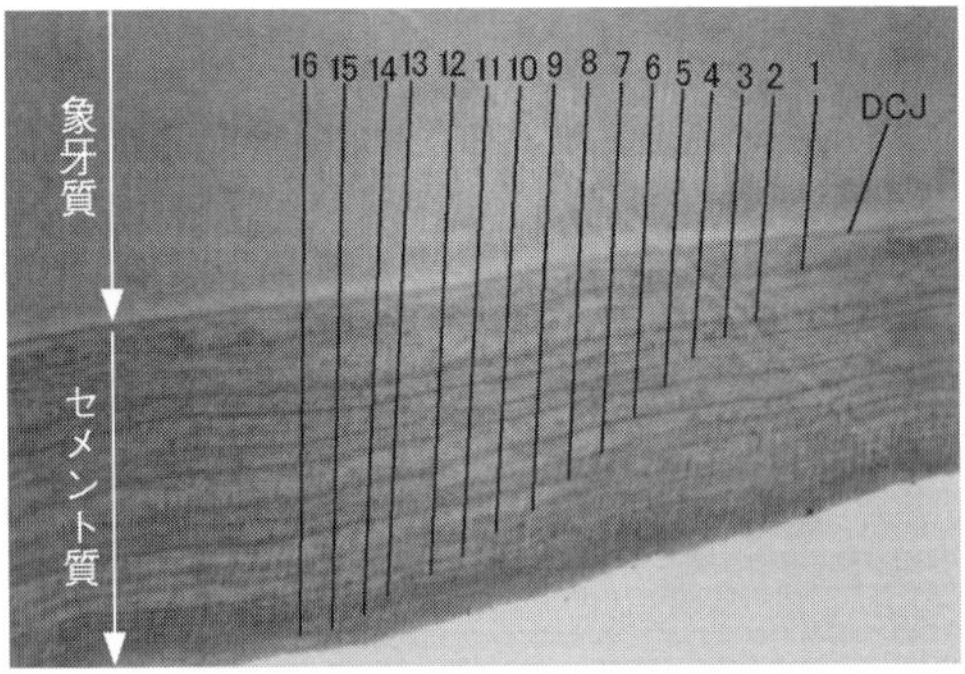

図3-4　歯のセメント質に見られる濃染層（ツキノワグマ）
DCJ：セメント質と象牙質の境界

顕微鏡下で撮影した歯のセメント質の写真を見てください（**図3-4**）。樹木の年輪と似た線が現れています。冬季に代謝の低下が起こり、セメント質の成長が悪くなることで密になり、その部分が染色液によって濃く染まっているのです。つまり、濃い線（濃染層《のうせんそう》）は冬季に形成された線と見ることができ、それらの本数を数えることによって年齢を推定することができるというわけです。

この線は、歯を薄く切らないと観察できないのですが、歯は体の組織の中で最も硬く、その硬さは水晶と同じです。刃物で薄く切ろうと思っても簡単には切れません。そこで、ギ酸や塩酸といった試薬を使って柔らかくし、ミクロトームと呼ばれる機械で薄く切っていきます。その後、薄くなった歯の切片を染色液で染めることにより、セメント質に年輪のような層が現れるのです。この手法は、ほとんどの哺乳類で用いることができます。「全て」ではなく「ほとんど」というのは、オオアリクイやセンザンコウ、カモノハシなど歯が未発達の動物がいるからです。歯がなければ歯による年齢査定はしようがありませんね。

③ DNAから推定

近年、DNAで年齢を推定する方法が試みられています。これは、DNAの塩基配列の変化をではなく、遺伝情報の発現や機能に影響を与える化学的な変化（修飾）の程度を調べる方法です。

DNAの修飾でよく知られているものの1つに「メチル化」があります（**図3-5**）。

水晶の硬さ

鉱物の硬さを表す尺度として「モース硬度」というものがある。モース硬度には1から10までの段階があり、10が最も硬い。水晶は6の値であり、ダイヤモンドが10である。

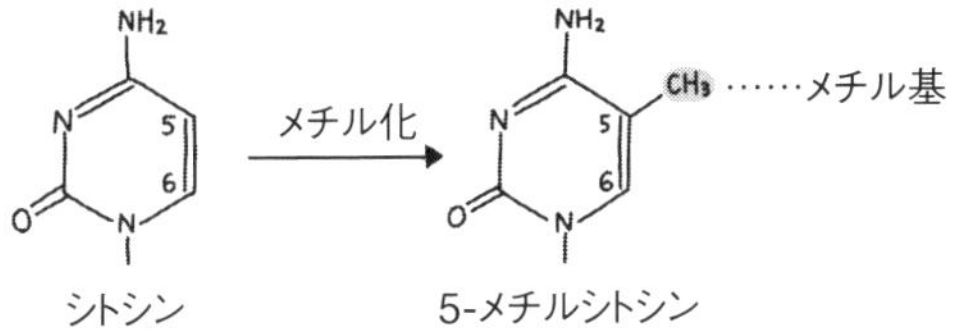

図3-5　DNAのメチル化

これは、DNAを構成する塩基の1つシトシンの水素基にメチル基が結合するというものです。メチル化が起きると、塩基配列自体は変化しませんが、遺伝子の発現が制御されます。このことはヒトではよく知られています。

DNAのメチル化は、細胞分裂が行われてもリセットされず、引き継がれていきます。そのため、年齢を重ねるごとに、メチル化したDNAの比率が高くなっていきます。この性質を利用して、いくつかの遺伝領域におけるメチル化率と実年齢との間に高い相関があることが、クマ、イヌ、クジラなどで報告されはじめています。DNAを抽出する材料も、血液をはじめ、体毛や糞も用いられています。糞や体毛が活用できれば、個体の捕獲が難しい野生動物の年齢も推定できるようになるかもしれません。歯を用いた年齢推定では、捕獲して抜歯をする必要があります。しかし、DNAで年齢推定ができれば、動物を傷める必要もない、画期的な手法になっていくことが期待できます。今後が楽しみですね。

動物の寿命

動物を研究をしていると、「何歳まで生きられる動物なのか」といった質問を受けます。実は、何歳まで生きられるのかを知るのは簡単ではありません。実際、山を歩いていても動物の死体を見ることは本当にまれです。動物たちは人知れず、どこかで生命を終えているのでしょう。何歳まで生きられるのかを観察だけから知ることはなかなか難しいのです。

しかし、これまで多くの研究者が大型哺乳類の歯を調べてきたことにより、寿命が明らかになってきました。大型哺乳類では25～30歳ぐらいであると推定されています。もちろん、もっと若くして死亡する個体もたくさんいるので、平均寿命は相当に低い値です。また、動物園で飼育されている個体は、野生下の個体とは異なり餌が安定して得られること、さらには獣医さんからの医療的なサポートが行われていることから、高齢になりやすい傾向がありますね。

3-3 大きさの測り方

目の前にいる動物の大きさが、平均的なのか、あるいは大きい（小さい）のか、と気になったことはあるでしょう。動物の大きさは、研究や臨床でも成長や栄養状態を理解するうえで重要です。平均的な大きさを基準として、目の前の個体が痩せているのか、太っているのか、あるいは成長が良いのか、悪いのかを判断できます。ここでは動物の大きさについてお話ししていきたいと思います。

大きさの計測方法――長さと重さ

「大きさ」と言ったとき、長さ（体長）で表す場合と、重さ（体重）で表す場合があります。体長が長くなるほど体重が重くなるという関係があるのがふつうです。つまり、どちらで示しても大きさを表すことになるのですが、長さで表す際にはいくつかの計測箇所があるので、どこを計測した値なのかは大事でしょう。

哺乳類の一般的な計測箇所を示しました（**図3-6**）。体長を表す際には頭胴長《とうどうちょう》で示すことが多く、調査時にはそれ以外にも、全長《ぜんちょう》、耳長《じちょう》、後足長《こうそくちょう》やその幅、さらには肩《けん》高《こう》や胸部胴回《きょうぶどうまわ》りなどを計測します。基本的には、頭胴長とそのほかの外部計測値は強い相関があり、頭胴長が大きくなればほかの形質も大きくなる関係が見られます。

体重も、一般的に体長が長くなるにつれて重くなります。しかし、餌資源が豊富

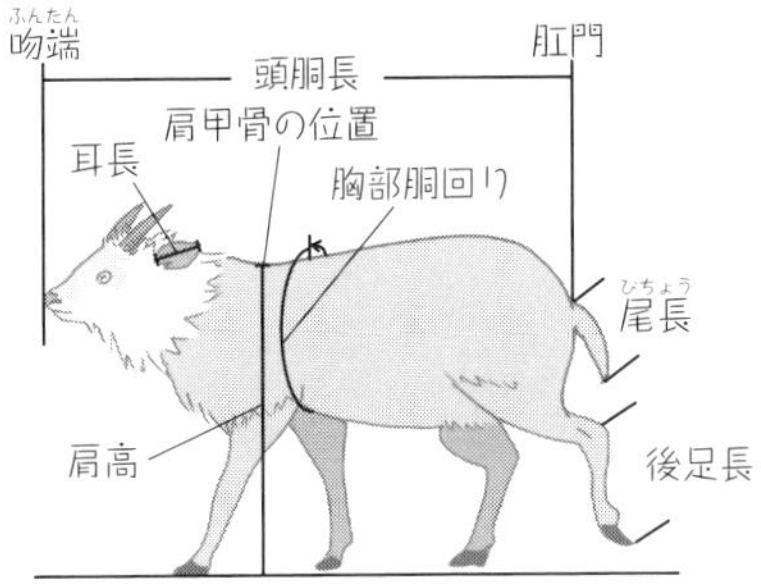

図3-6　大きさの計測位置

などきと乏しいときとでは、同じ体長でも体重は異なってきます。例えば、ツキノワグマを調査していて、餌資源があまり豊富でない夏に捕まった個体の体重が45キログラムであったのに、どんぐりなど餌が豊富な秋に同じ個体が再度捕まったときには80キログラムになっていた、という例があります。同じ個体なのに、わずか2か月の間に体重が80％もアップしていました。各個体がどんな栄養状態なのか、肥満の程度を見るときには、体長だけでなく体重との関連性を見ることも重要でしょう。

体重は、体型が異なる動物どうしで比較するときに用いやすい指標です。しかし、季節によって体重が大きく変わる点には注意が必要です。多くの動物は、ツキノワグマと同様に、冬を迎える前に脂肪を蓄えようと多くの餌を食べます。そのため、秋にはかなり体重が増加します。体重は、どの時期に計測したかによって意味合いが変わることを念頭に置いて、表に示した大型哺乳類の平均的な体重を比較してみてください（**表３－１**）。

体の大きさに見られる性的二型

表３－１でわかるように、動物によってはオスとメスとで大きさが異なります。**３－１**節で性的二型についてお話ししましたが（１００ページ）、多くの哺乳類で体形に性的二型が見られ、オスのほうがメスに比べて大きくなることが多いのです。では、どうしてこのような性的二型が生じるのかというと、繁殖に関連していると考えられています。

表 3-1　日本の大型哺乳類の平均体重

種	オス	メス
ヒグマ	150〜300 kg	100〜200 kg
ツキノワグマ	70〜150 kg	50〜100 kg
イノシシ	60〜150 kg	40〜80 kg
ニホンカモシカ	30〜45 kg	30〜45 kg
ニホンジカ（本州）	60〜80 kg	30〜50 kg
ニホンジカ（北海道）	100〜150 kg	70〜100 kg
ニホンザル	10〜18 kg	8〜16 kg

配偶相手を巡る競争
同じ性別の個体間で異性の配偶者をめぐる競争を「配偶者競争」と呼び、このことを通じて形質（体サイズや角など）が大きくなるプロセスを同性内性淘汰と呼ぶ。生物の進化を考えるうえで重要な概念。

オスは繁殖相手のメスをめぐり、オスどうしでケンカすることが頻繁に起きます。戦いの優劣は、基本的に体の大きさによって決まり、大型のオスほど、角が大きいオスほど、メスと繁殖する機会があるのです。一方、闘争をしないメスにとって、繁殖できるかできないかは、体サイズにはあまり関係ありません。このように、体サイズや角などといった形質と繁殖成功との関係性が、オスとメスとの間で大きく異なるときに、性的二型が生まれやすいと考えられています（**図3-7**）。

そこで、**表3-1**をもう一度見返してみましょう。ニホンカモシカはオス・メスの体重の差がありません。また、雌雄ともに角があり、見た目で性別がわかりにくく、性的二型が目立たない動物といえます。これは、先ほどの話とは異なり、メスを巡るオスの闘争が激しくないことを暗示していそうです。体の大きさがわかると、いろいろなことが見えてきて面白いですね。

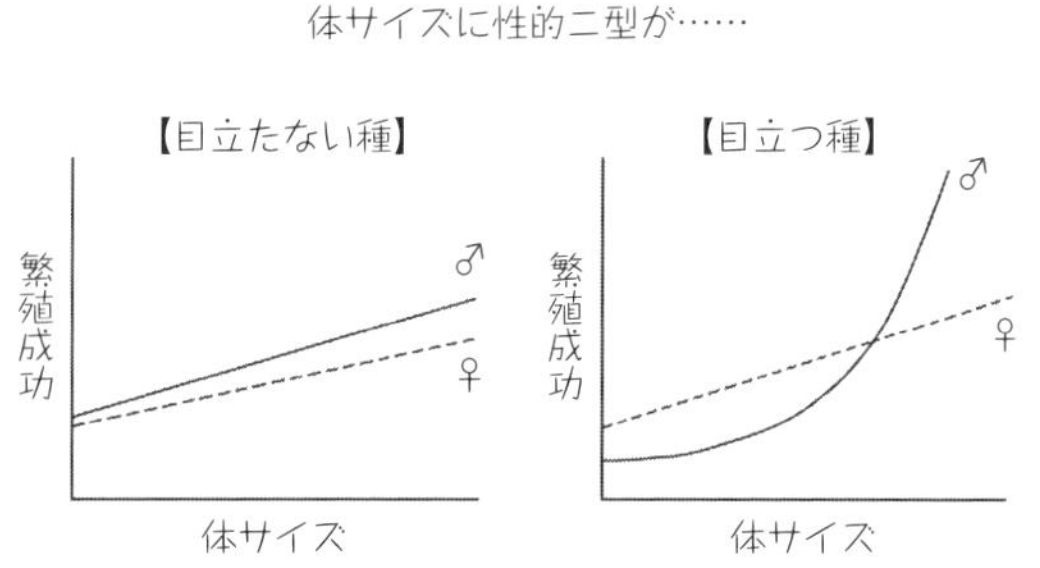

図 3-7　体サイズと繁殖成功の関係

ベルクマンの法則・アレンの法則

ドイツのクリスティアン・ベルクマン（1814～1865年）は、1847年、「恒温動物では、寒い地域に生息する種ほど体が大きく、温暖な地域に生息するものほど体が小さくなる傾向がある」という法則を提唱しました。これを「ベルクマンの法則」といいます。

では、どうしてこのような傾向があるのでしょうか。これは、哺乳類が恒温動物であることと関連しています。**2章の特徴5**（68ページ）で学んだように、哺乳類は体温を一定の温度に維持するため体内で熱を生産しています。その熱の生産量は体重に比例します。すなわち、寒冷地に生息する個体ほど体温を一定に保つために熱生産をする必要があり、必然的に体が大きくなるとする考え方です。

ほかにも気温に関連した「法則」が知られています。その1つがアメリカの動物学者ジョエル・アサフ・アレン（1838～1921年）が提唱した「アレンの法則」、「寒い地域に生息する種のほうが、温かい地域に生息する種よりも耳や足など体から突出している部分が短い」という法則です。ウサギやキツネの耳の大きさが例として挙げられます。

これは、寒い地域に生息する個体群あるいは種ほど体温を奪われないよう、体から突出した部分を小さく（あるいは短く）し、外気に触れる表面積を少しでも小さくしているのではないかと考えられています。反対に、温かいところに生息する個体は、表面積を大きくすることによって放熱の効率があがるので、より大きく（あるいは長く）なっているとも考えられます。

3-4 行動を調べる

大型哺乳類はどこで生活しているのでしょうか。野生の哺乳類は警戒心が強く、なかなか人の前に現れてくれません。近づくこともできなければ、かれらがどこにいるのかを知ることすらできません。多くの哺乳類は、直接観察することが実に難しい動物なのです。では、どうすればかれらの行動を知ることができるでしょうか。

動物の位置を調べる方法

野生の哺乳類の位置を知る方法として、古くから電波を一定の間隔で発信するＶＨＦ（超短波Very High Frequency の略称）帯の発信器（**図３-８**）が使われてきました。調査者は、アンテナを使って発信器からの電波を受信して、動物がいる方向を特定します。２～３か所で同様に方向を調べ、それらの方向が交わった場所ないしは重心点を動物の位置とする方法です。こうした位置情報を蓄積していくことで、行動範囲が調べられてきました。

最近では、これまでの主流だったＶＨＦ帯の発信器に代わり、人工衛星による測位システムであるＧＰＳ（全地球測位システムGrobal Positioning System の略称）が利用されるようになってきています。ＧＰＳは、ＶＨＦ帯発信器に比べて格段に詳細なデー

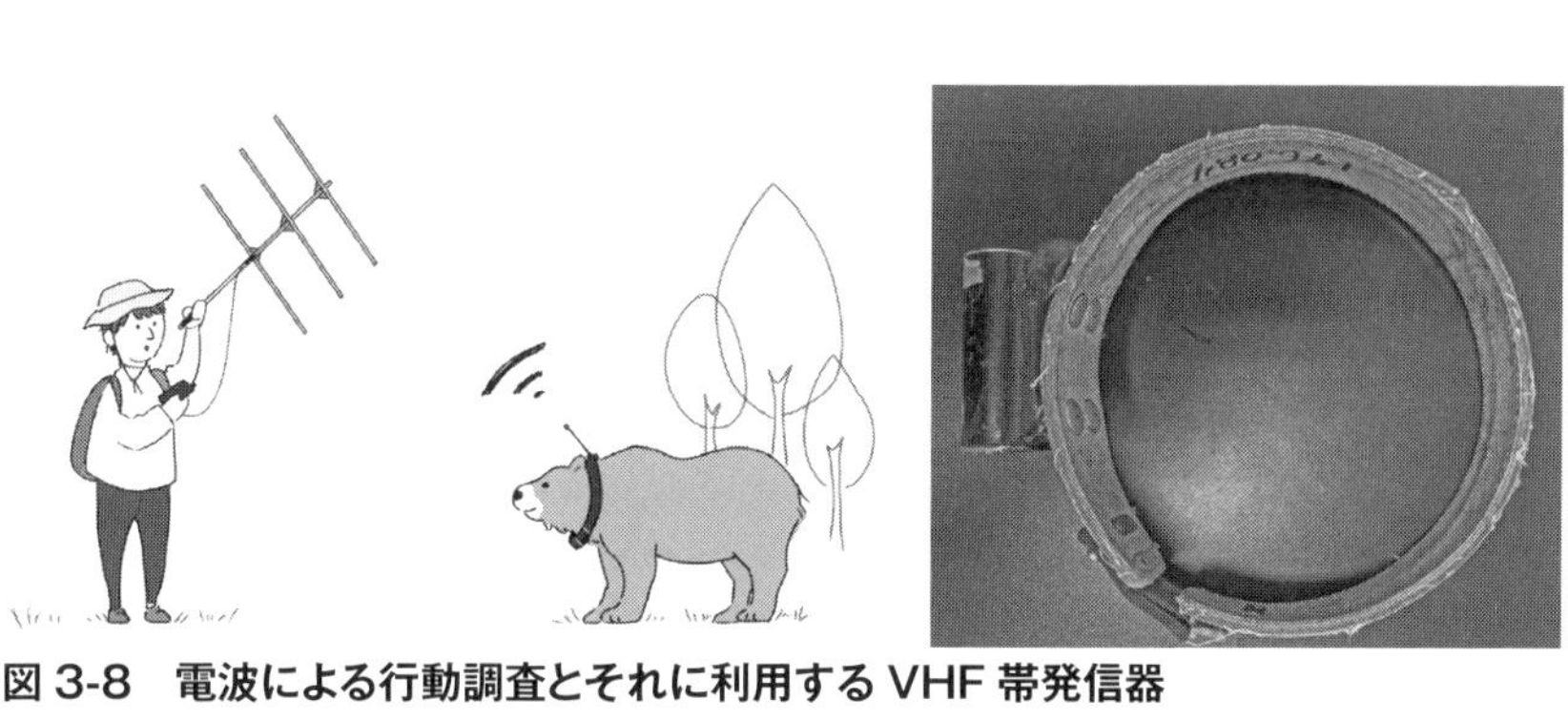

図 3-8　電波による行動調査とそれに利用する VHF 帯発信器

タを取ることができます。衛星を介して位置情報がほぼリアルタイムでパソコンに届くことも、大きな違いでしょう。そのことによって一日の活動時間帯や詳細な移動距離やそのルート、長い時間滞在した場所の特徴、さらには他個体との関係性などが解明されてきています。

またGPSだけでなく、カメラを搭載した首輪も開発されています。これにより、繁殖、餌資源など、直接観察しなければわからなかった生態が明らかになりつつあります。このような技術開発が進んでいくことで、野生の哺乳類の行動や生態がさらに明らかになっていくことでしょう。

行動範囲は？

前述した方法を用いて明らかになった大型哺乳類の行動圏の大きさを**表3-2**に示しました。行動圏の大きさに幅があるのは、地域、季節、さらには年度によっても、大きく変化するからです。また、繁殖期か非繁殖期かによっても変化することがあります。そのため、単純に数字だけを比較することはあまり適切でないのですが、表に示した6種の動物の違いやメスとオスの違いをおおまかに知ることはできそうです。

ツキノワグマやヒグマは単独性で、明確ななわばりを持たない動物です。ツキノワグマでは、オスの行動範囲が50～１００平方キロメートルであるのに対し、メスでは1～20平方キロメートルほどです。ヒグマはさらに大きく、オスでは２００～５００

行動圏
動物が生活のために移動する範囲を指す。

なわばり
動物の個体あるいはグループが、他個体に対して排他的であり、占有する範囲を指す。行動圏と密接な関係はあるが、必ずしも同じではない。

平方キロメートル、メスでは10～40平方キロメートルです。哺乳類の多くは、オスが生まれた場所から遠くに移動し放浪型になるのに対し、メスは生まれた場所の近くに生息し続ける定住型になる傾向があります。そのため、オスのほうがメスに比べて行動圏が大きくなります。このように、オスとメスとの行動の違いが生じる理由は、近親交配を避けるためではないか、あるいは限定的な餌資源をめぐって親子間で競争しないようにするためではないか、などと考えられています。

ニホンカモシカは、オスもメスも同性間で厳格ななわばりを持つという特徴があります。通常は一夫一妻性で、雌雄ともに同じくらいの大きさのなわばりを持って生活しています。したがって、ニホンカモシカはなわばりの防衛にオスもメスも同じ労力が必要なことになります。これは、ニホンカモシカで**3-3**節でお話しした性的二型が見られないことに関係しているのかもしれません。ニホンカモシカのなわばりの大きさは0・1～1平方キロメートルで、クマの100分の1くらいの範囲で生活していることになります。季節に応じた行動圏の移動はほとんどなく、1年間同じ場所を利用するのが一般的です。高密度な場所では、びっしりと行動圏がひしめき合っていて、なわばりを広げるのが難しいことも、移動しない理由なのかもしれません。

ニホンジカは、交尾期以外オスとメスで別々の群れ社会を形成していて、基本的になわばりはありません。行動圏はおよそ0・1～10平方キロメートルです。また、積雪に強い動物ではないので、冬季になると積雪量が少ないところに移動するのが一般的です。北海道ではその移動距離が大きく、100キロメートルにも達する場合が

表 3-2　日本の大型哺乳類の行動圏

種	オス		メス	
	行動圏サイズ	群れ	行動圏サイズ	群れ
ヒグマ	200～500 km²	単独	10～40 km²	単独
ツキノワグマ	50～100 km²	単独	10～20 km²	単独
イノシシ	0.1～10 km²	単独	0.1～6 km²	群れ（親子）
ニホンカモシカ	0.1～1 km²	単独	0.1～1 km²	単独
ニホンジカ	0.03～10.0 km²	単独 / 群れ*	0.03～10.0 km²	群れ（親子）
ニホンザル	5～30 km²	単独 / 群れ	5～30 km²	群れ

* オスどうしの群れ

あります。秋季の交尾期には、オスは角を突き合わせて競争し、強いオスだけがメスをなわばり内に囲って独占します。なわばりを維持している間、オスは基本的に餌を食べません。オスもなかなかたいへんですね。ただ、競争に負けた弱いオスの中にはちゃっかり者もいて、強いオスの目を盗んでメスと交尾する個体もいます。

イノシシでは、オスが単独で生活するのに対し、メスは血縁関係のある個体が集まって群れを形成します。行動圏の大きさは餌条件によって大きく異なりますが（これはどの動物でも同じですね）、良い条件下では10平方キロメートルほどです。また、特定のなわばりはつくらないものの同じ場所で生活し続け、定着性が高いとされています。ニホンジカと同様に積雪に強い動物ではないので、多雪地域に生息する個体では、積雪の少ない地域への季節的な移動があることも知られています。

ニホンザルは群れ社会で生活していて、群れは血縁関係があるメスで構成される「母系社会」です。これはニホンザルも含まれるオナガザル科マカク属で共通の社会構造で、メスは移動することはなく、生まれた群れで生涯を過ごします。一方、オスは4～5歳になると群れを出て、違う群れに入っていきます。さらには、数年たつと新たな群れを目指して群れから出ていき、一生にわたり群れを渡り歩く生活を送っています。したがって、行動圏は性によって違います。さらに、群れのサイズによっても変化し、季節に応じてさまざまな場所を利用していることから、数平方キロメートルから数十平方キロメートルと、さまざまな行動圏の大きさが報告されています。

個体間のコミュニケーション

行動圏や行動パターンには、個体間の関係性が非常に強く影響を与えると考えられます。たとえ単独で生活している種でも、同じ生息域に他個体が存在します。群れであれば、群れの中に他個体がいます。なわばりの強い種であればなおさらですが、それらの相手個体に対して自分の存在を認識させることは大事なことです。その1つの方法として「におい」による情報伝達があります。

ニホンカモシカには強いなわばりがあることをお話ししましたが、ニホンカモシカは体のいくつかの部位からにおい物質を出しています。特に目の下にある眼下腺《がんかせん》と呼ばれる臭腺《しゅうせん》は特徴的です（**図3-9**）。かれらは眼下腺から出す分泌物を樹木にこすりつけてなわばりを主張していると考えられています。

ヒグマも、背中ににおいを出す臭腺を持つことが、最近明らかになりました。ヒグマでは背中を木にこすりつける行動が見られ、この行動は分泌物をつけることによって他個体に自分の存在を示していると考えられています（**図3-10**）。

イノシシやニホンジカは、「ぬた場」（**図3-11**）と呼ばれる場所で泥を浴びることによって寄生虫を落とし、体温調整をします。それだけでなく、泥のついた体で森林内の木々に触れて歩くことによって、自分自身の存在を他個体に伝えていると考えられています。

一方、ニホンザルは、においよりも声や表情によってコミュニケーションをとっ

図3-9　ニホンカモシカの眼下腺（←）

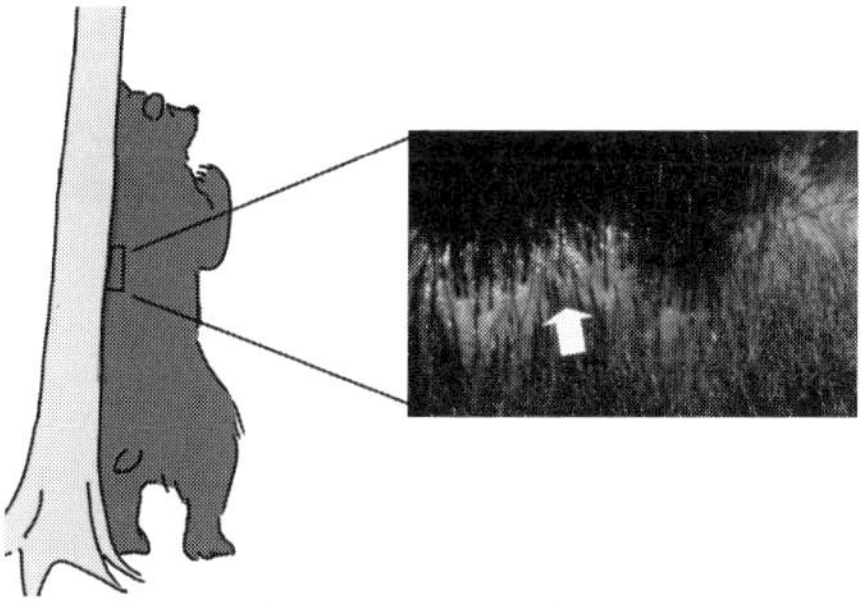

図3-10　ヒグマの臭腺の分泌物（富安洵平氏提供）
矢印部分の皮膚が分泌物によって濡れて光って見えている。

ているとされています。ニホンザルは音を聞き取る能力が高く、遠くまで情報を伝達することができます。また、ヒトと同様に音声によるコミュニケーションができているのではないかという研究も行われていて、声の重要性が注目されています。ほかの動物に比べて豊かな表情も、個体間の関係性を保つうえで重要な情報であると考えられます。

どの動物も、においや音、表情による個体ごとのコミュニケーションを行って、他個体との関係性を築いています。嗅覚、聴覚、視覚など、五感を使って相手や仲間のことを理解し合っているのです。

図 3-11　ぬた場
動物が泥浴びに使う場所。におい付けに利用する動物もいる。

3-5　食生活を調べる

哺乳類は何を食べて生活しているのでしょうか。興味を持っている動物が何を食べて暮らしているのか、すなわち食性を知ることは、相手を知ることの始まりの1つでしょう。何を食べているのかがわかれば、どんなところに生息しているのかを推測することができます。また、ほかのどんな動物と餌をめぐる争いが起きうるのか、どんな動物と喰う－喰われるの関係にあるのかなどがわかり、生態系を理解することにもつながります。

応用的な視点でいえば、保護管理の計画を立てる際、どこを重点的な保護地域とすべきかを決めるうえで、餌資源の情報は重要になります。餌となる動植物がその地域になければ、対象とする動物はほとんどいないはずだからです。

では、哺乳類の食べ物を調べるためにどのような方法があるのか、その方法にはどんな利点および欠点があるのかを見ていくことから始めましょう。

食性を調べる方法

①直接観察や食痕から食性を知る方法

まずは、対象の動物を直接観察する方法があります。双眼鏡や望遠鏡などを用いて採餌行動を観察することで、どんな餌を食べているのかを知ることができるでしょう。ただ、ヒトがしっかりと観察できる時間帯は明るい間に限られます。対象が昼行性《ちゅうこうせい》であればよいのですが、哺乳類の多くは夜行性《やこうせい》です。その場合は、この方法での調査はちょっと難しいと言わざるを得ません。

食べた痕（食痕《しょくこん》）から餌資源を推定する方法もあります。草食動物であれば植物にできた痕になるでしょうし、肉食動物の場合であれば動物の死体（の一部）から推定することになります。これも、一部を食べた場合はわかりますが、全てを食べてしまった場合は推定することはできないという欠点があります。

②糞から食性を知る方法

糞に含まれる未消化物（植物の根や葉、種子、動物の体毛、骨、羽や昆虫類の脚など）を分析し、どんな餌を食べているのかを調べる方法もあります。たくさん糞を集め、ある餌品目がいくつの糞から出てきたかを調べることが多いです。動植物の出現割合、それらを乾燥させ水分を除いた重量の比、容積比、さらに面積比を分析して、利用する餌品目を検討していきます（**図3-12**）。ただ、この方法では未消化のものから推定を行うので、消化されてしまった餌をとらえることはできません。

近年では、「DNAメタバーコーディング」という方法が取り入れられています。これは、糞の中に含まれる餌生物のDNAを解析することで食性を推定する方法です。現在、地球上に生息する多くの生物のDNA塩基配列が解明されていて、それらのデータベースがものすごい勢いで作成されつつあります。国内ではかなりの生物のDNA塩基配列が把握できていて、誰でも利用することができます。消化され生物の姿形が全くわからなくても、糞の中に残存しているDNAの塩基配列がわかれば、データベースとつき合わせ、種を特定することができる時代になっているのです。この方法は、塩基配列をバーコードのように使うことから、DNA（メタ）バーコーディングと呼ばれています。

この方法は、消化されてしまった生物をDNAから推定するという、たいへん優れた方法です。ただ、例えばある植物の実を食べても、葉を食べても、枝

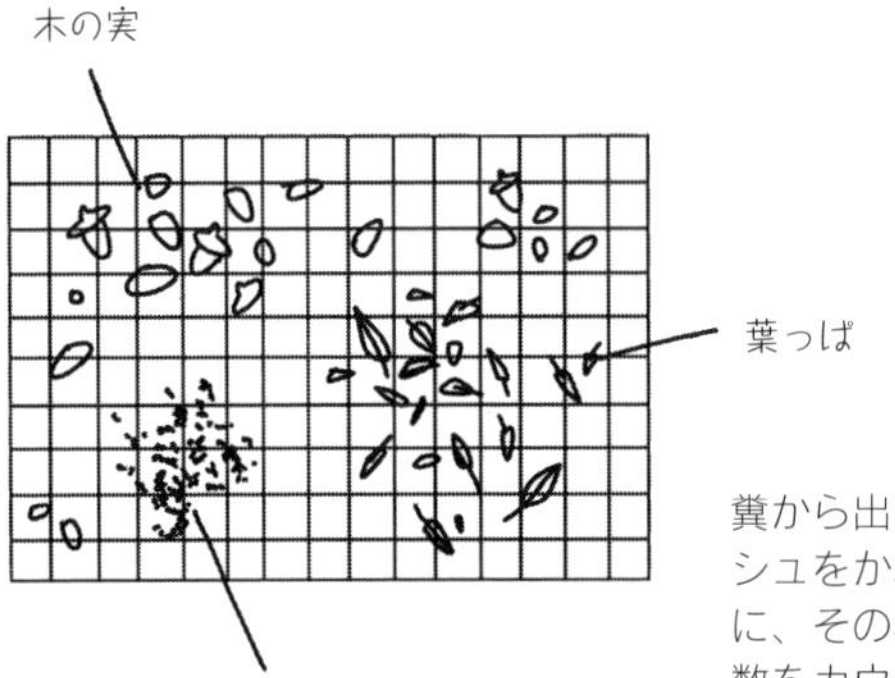

図3-12　面積比を分析する方法

糞から出てきた未消化物を広げ、メッシュをかぶせて、未消化物の種類ごとに、その種類が占めているメッシュの数をカウントする。その値から種類ごとの面積比を調べ、餌品目の利用比率を推定する。

先や根を食べたのでも、得られる結果は全て同じ、ある植物を食べたということになります。対象としている動物が、植物のどの部位を、どの時期に食べているのかといった情報は、採餌行動を知るうえでは重要ですが、消化されてしまった食物のＤＮＡから判断することはできません。

③体毛から食性を知る方法（安定同位体比）

動物種によって消化速度は異なりますが、消化できなかったものは通常数日以内に、糞として体外に排泄しています。つまり、糞から推定できる餌メニューは排泄された数日前ぐらいまでの食べ物です。一方、餌資源の長期的な情報が蓄積される場所があります。それは体毛です。体毛に含まれる炭素や窒素など元素の安定同位体比《あんていどういたいひ》から「何を食べているのか」を探る方法があります。簡単にその方法を紹介しましょう。

原子番号は同じでも、質量数が異なる元素を「同位体」と呼び、長期間にわたり安定して存在するものを「安定同位体」と呼びます。例えば炭素の原子番号は６ですが、原子の中に陽子が６個あることを示しています。一方、質量数は原子核にある陽子と中性子の総数になるので、炭素は６個の陽子と６個の中性子を足して12になります。この質量数を^{12}Cと左肩に表します。自然界にある炭素はほとんどが^{12}Cなのですが、１%だけ質量数が少し重い13（^{13}C）の安定同位体が存在します。さらに、ごく微量ですが、質量数14の炭素（^{14}C）もあります。窒素《ちっそ》でも、自然界の大部分は質量数14（^{14}N）ですが、ごく微量に質量数15（^{15}N）の安定同位体が存在します。この安定同位

質量数
原子核にある陽子と中性子の総数。

体の比が、生物間で少しずつ異なっているのです。

窒素、炭素安定同位体の比率がこれまでさまざまな動植物で調べられていて、いくつかのことがわかっています（**図3-13**）。まず、海洋由来の生物は陸上由来の生物に比べて^{13}Cの比率が高いことです。また、C3植物とC4植物でも^{13}Cの比率が大きく異なっていました。さらには、食物連鎖に従って^{15}Nが濃縮されていくため、高次捕食者ほど値が3～5‰ほど高くなっていく傾向もあります。^{13}Cの値は、栄養段階による違いはあまりありません。

さて、**図3-13**にクマの体毛の安定同位対比の値も●で示してみました。解析の結果、**A**のような値になった場合、どのようなことが考えられるでしょうか。これは、クマがきっとC3植物を食べていたのではないかと推定することができます。同様に、**B**や**C**の値であれば、クマがサケを食べていたのではないか、あるいはトウモロコシなどのC4植物を食べていたのではないかと考えることができるのです。

さらに、体毛1本全てをまとめて分析するのではなく、数センチ間隔で細かく切り分け、それぞれの安定同位体分析を行えば、「各部分の体毛が生えた時期」にどのような餌を食べていたのか推定できるわけです。たいへん細かい作業になりますが、ほかの

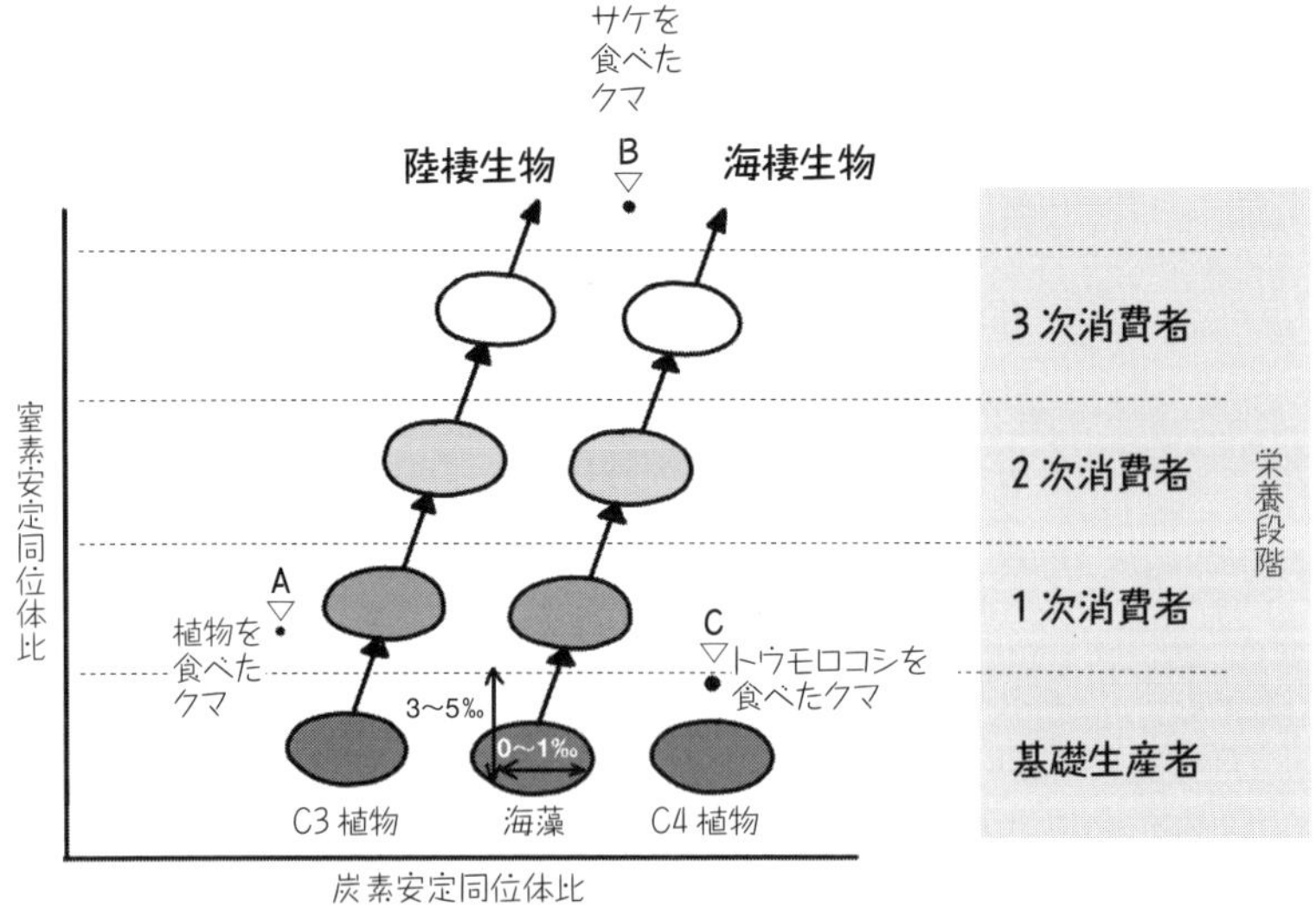

図3-13　安定同位体分析の概念図

分析と違って過去の長期間にわたる餌資源が把握できる強みがあります。一方、具体的な食べ物までは査定できない点が欠点ですね。

全ての方法に利点と欠点があります。したがって、多くの方法と組み合わせて、複合的に食性を調べていくことが大切です。

C4植物

一般的な植物（C3植物）に比べ強い光のもとでの光合成効率が高い植物。生産効率がよいので、トウモロコシなど農業用に利用される種類も多い。

哺乳類の食性

哺乳類は何を食べて生活しているのでしょうか。餌資源は季節によっても異なりますし、地域によっても変わるので、簡単に答えられない質問です。例えば、ニホンカモシカの食性調査はさまざまなところで行われていますが、それぞれの調査場所において植物種が１００種以上利用されています。さらに、１つの同じ植物種でも、葉を食べることもあれば、実を食べること、枝先を食べることもあり、これを詳細にリスト化すれば膨大な量になってしまいます。そこで、ここでは餌として利用している生物の種類や食べる箇所まで言及せず、肉食なのか、草食なのか、あるいは雑食なのかと大きく分けて、かれらの食性を見ていきましょう。

①肉食動物：発達した牙や爪

肉食動物には、鳥や小型動物を食べる動物だけでなく、魚類や昆虫などを食べる動物も含まれます。日本にいる陸棲哺乳類では、ツシマヤマネコなどがそれにあたります。肉食動物は、高い動物性タンパク質を得られる利点はありますが、餌となる動物を捕まえなければならない点はコストがかかって非常に大変です。大型の肉食動物であったニホンオオカミはおよそ100年前に絶滅してしまいました。ヒトによる狩猟（駆除）があったことが1つの要因であることは間違いないでしょうが、江戸時代以降に餌資源である動物を捕獲することが難しくなっていった可能性もあります。

食べられる側（被食者）は生きるか死ぬかですから、必死で逃げるでしょう。それに対し、捕食者である肉食動物は、犬歯をはじめ歯や爪が発達していて、動物を捕まえやすい形になっています（61ページ）。また、逃げる動物を捕まえるために、走力や筋肉などが発達していることも特徴として挙げられます。

②雑食動物：多種多様な餌メニュー

大型哺乳類の中では、ツキノワグマとヒグマ、ニホンザルおよびイノシシは雑食動物です。主な食物は草木の葉や芽および実で、夏には昆虫類も食べる傾向があります。また、秋には果実を食べます。ニホンザルとイノシシは冬に草本類の根や塊茎《かいけい》などを食べています。まさに多種多様な資源を利用していますね。

近年、クマ類がイノシシやニホンジカの死体を食べていることが報告されています。クマ類は雑食動物なので、動物の肉を食べることもあり

食肉目＝肉食動物？

食肉目は読んで字のごとく「肉食の動物」であると思ってしまうでしょう。確かに、食肉目の動物であるトラやライオンは代表的な肉食動物ですが、約300種いる食肉目の動物の中には肉食でない動物も含まれています。例えばジャイアントパンダは、餌のほとんどがササですが、クマの仲間で食肉目の動物です。

ます。ニホンジカやイノシシが死体となる理由は、高密度による餌不足が原因の餓死、狩猟や駆除などで捕獲された後に放置されること、豚熱《ぶたねつ》などの感染症による死亡などさまざまです。このような餌資源の変化が動物たちの生態にどのように影響していくのかは、注視していく必要がありそうです。

③草食動物：繊維質をエネルギーにする

ニホンカモシカとニホンジカは草食動物です。かれらの主食は植物ですが、植物の炭水化物はデンプン以外にセルロースという繊維質からなっています。ほとんどの哺乳類はデンプンを分解するアミラーゼという酵素を持っていますが、セルロースを分解する酵素は持っていません。草食動物は、自身にセルロースを分解する酵素がないにもかかわらず、繊維質をエネルギー源にしています。

消化管の違い

では、草食動物はどのようにしてセルロースを分解し、消化、吸収するのでしょうか。食性の違いによって、腸の長さにも違いがあり、肉食動物では短く、草食動物では長い傾向があります。例えば肉食動物のオオカミの腸はおよそ6メートルで、体長のおよそ4倍です。それに対し、雑食性動物であるツキノワグマの腸の長さは12メートルです。体長のおよそ8倍です。さらに、草食性動物であるニホンカモシカの腸は

14メートルで、体長のおよそ12倍になります。肉食動物に比べ草食動物で長い傾向があるのです。植物の方が消化吸収しにくいことから、時間をかけて吸収できるよう草食動物の腸の方が長くなっていると考えられます。

かれらがセルロースを分解する方法の1つは、一度食べた食物を食道に逆流させ、ふたたび咀嚼《そしゃく》することです。これを反芻《はんすう》といい、反芻を行う動物を反芻動物といいます。反芻動物にはウシ科、シカ科、ラクダ科、キリン科がいます。そのしくみを理解するためには、かれらの胃が4部屋に分かれていること、そしてその中の「ルーメン」と呼ばれる第一の胃を理解することが大切です（**図3-14**）。

ルーメンには、大量の水分と一緒にさまざまな微生物が生息しています。そして、この微生物が哺乳類にはないセルロースを分解する消化酵素の「セルラーゼ」を持っています。この微生物の働きによってセルロースが分解されているのです。微生物の中にはデンプンを分解する細菌も存在しますし、糖類やタンパク質を分解する細菌も存在します。反芻動物には、微生物の力を借りてセルロースを利用可能なエネルギーに変えるしくみがあるというわけです。ヒトを含めたほかの動物にも腸内に細菌などの微生物が存在するので、食物中のセルロースは分解されますが、微生物の種類も量も反芻動物とは全く違い、

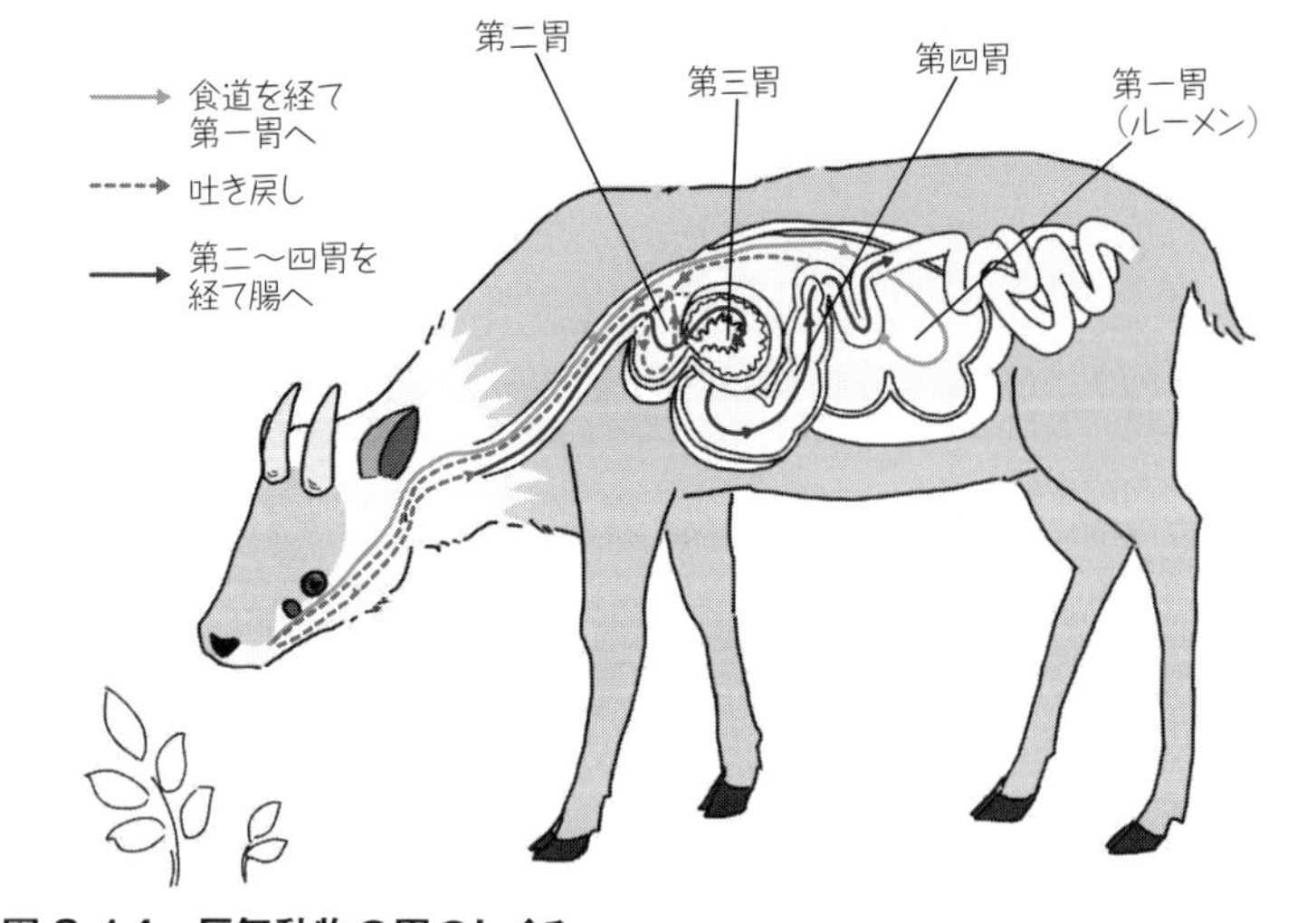

図3-14　反芻動物の胃のしくみ

消化効率は段違いに低いのです。反芻を経て消化された植物組織は、最後の第四の胃まで移動し、そこで消化液により化学的に消化されます。ヒトを含む1つの胃しか持たない動物の胃の働きは、反芻動物の第四の胃にあたります。

草食動物の中で反芻動物でない動物（兎形目《とけい》や奇蹄目《きてい》）では、小腸と大腸の間にある盲腸が非常に発達していて、その中に生息する微生物の働きで繊維質を分解して消化することが知られています。また、それらの種の中には、自分が排泄した糞を食べるものもいます。ウサギは長い盲腸を持っていて、そこに生息する微生物の発酵作用でセルロースの分解が行われます（**図3-15**）。しかし、十分に栄養を吸収することはできません。そこで、排泄した栄養価の高い糞を食べて、残った栄養を再び吸収します。この栄養価の高い糞は、いわゆるウサギの糞としてイメージされるコロコロした糞（硬便《こうべん》）とは別で、盲腸で吸収できなかった未消化物の塊です。硬便と違って柔らかく、においが強いブドウの房のような形をした糞で、盲腸便《もうちょうべん》とも呼ばれています。

ちなみに肉食動物では、繊維質を分解する必要がないので盲腸が発達しておらず、肉食動物のオオカミやヤマネコを祖先種とするイヌやネコの盲腸も小さいです。腸や盲腸の長さを見ることによって、その動物がどんな餌を利用しているのかが見えてくるのも面白いですね。

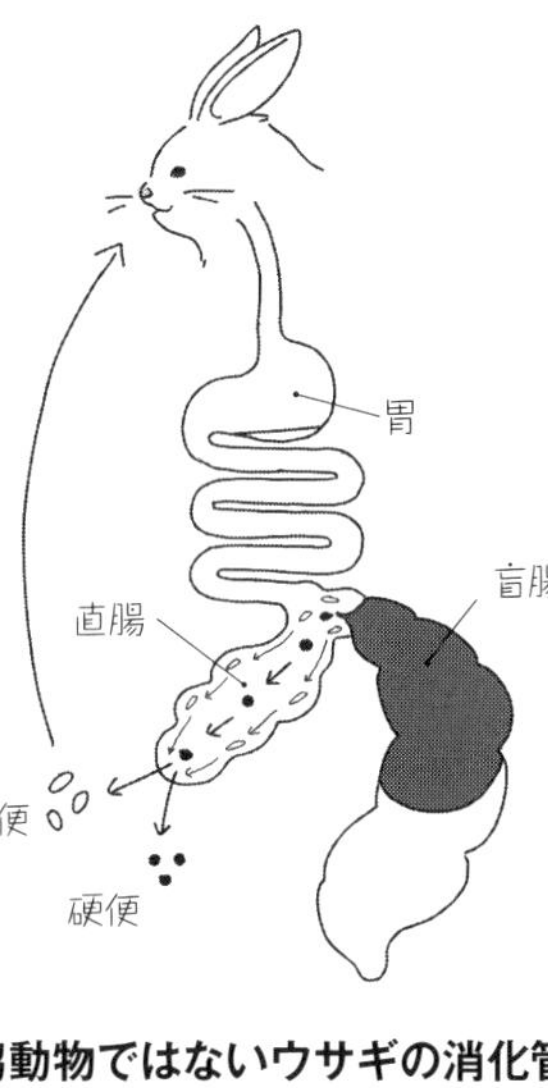

図3-15　反芻動物ではないウサギの消化管

3-6 繁殖を知るには

野生動物は生涯の間に少しでも多くの子供を残そうとします。したがって成熟する年齢は極めて重要です。ただ、若い年齢で成熟することが良いとも限らず、成熟して繁殖に参加することで自身が十分に餌をとることができず、結果として早死《はやじに》してしまうことがしばしば起きています。かといって、体が十分に大きくなった高齢から成熟しても、生涯に残せる子供の数は少なくなってしまいます。生涯にわたり多くの子供を残すためには、適切な繁殖開始の年齢がありそうです。

また、母親にとって出産時の子供の大きさや数も重要です。小さく未熟な子供をたくさん産めば、捕食される可能性が高まるので、確実に全ての子供を育て上げることは厳しくなります。反対に、少数の大きい子供を産んだ場合、1頭が確実に育つ確率は高まりますが、生涯に残せる子の数は減ってしまう可能性があります。すなわち、メスは少しでも多くの子供を残すため、適切な繁殖年齢や時期に、適切な数と大きさの子供を産んでいるはずなのです。

オスの繁殖年齢や成熟する時期もメスと同様に重要だろうということは、容易に想像できるでしょう。こうした、子供を残すことに関係する性質を「繁殖戦略」といいます。ここでは、大型哺乳類の繁殖年齢、繁殖時期、それに出産数などから、かれらの繁殖戦略を見ていくことにしましょう。

繁殖できる年齢

大型哺乳類は何歳から繁殖するのでしょうか。**表3-3**にまとめました。性成熟を迎える時期はオスとメスとで違う例が多くあります。妊娠・出産のためには、メスは体がある程度しっかりした状態になるまで成長する必要があります。そのため、オスよりもメスのほうが性成熟の時期が遅くなる場合があります。例えば、クマのオスは2歳から繁殖可能であるとされていますが、メスは3〜4歳に性成熟を迎えます。

一方、ニホンザルが性成熟するのは、オスで3〜4歳、メスで2〜3歳と、オスの性成熟のほうが遅いのです。ニホンジカでも、メスが1歳で性成熟するのに対し、オスは2〜3歳くらいから性成熟します。これは、オスどうしが交尾のために競争し、優位になったときに繁殖できるため、若齢の小型個体が競争で優位になることは難しく、繁殖機会はほとんどありません。そのため、ニホンジカのオスの性成熟はメスよりも遅くなる傾向があります。動物によっていろいろな事情がありますね。

また、草食動物では性成熟を迎える時期が早い傾向があります。ニホンジカやイノシシは、誕生して2回目の繁殖時期、すなわち1歳から交尾が可能です。さらに、ニホンジカやイノシシは毎年出産する傾向があります。若齢からの高い出産率に加えて、ニホンジカやイノシシを捕食していたオオカミが絶滅してしまったこともあり、現在、両種の個体数は爆発的に増えています。それらの問題については**4章**で詳しくお話しします。

性成熟

繁殖機能が発達し、成熟することを指す。体の発達で成熟する段階を形態的性成熟と呼ぶのに対し、生殖細胞を生成し、繁殖行動が可能な段階を機能的性成熟と呼ぶ。

ニホンカモシカの成熟年齢は雌雄ともに2〜3歳で、妊娠率も70％程度であることから、多くの個体が毎年出産していると考えられます。それでもニホンジカのように個体数が爆発的に増えないのは、なわばりが強い動物のため、新しい個体が誕生しても新しい場所になわばりを獲得することが難しく、その結果死亡してしまうことも多いからでしょう。

決まった季節に出産する

次に、大型哺乳類の交尾時期および出産時期を見ていきましょう。日本に生息する多くの動物は、春や初夏に出産します（**表3-3**）。なぜなら、冬季は動物にとって非常に厳しい環境であり、死亡率が高い時期だからです。冬季までに少しでも子供を大きくしておくことは、子が生き残る確率を上げることになります。その結果、適切な出産時期が春や初夏になっていったと考えられます。

適切な出産時期が春や初夏だとすれば、妊娠期間から逆算すると適当な交尾期が大体決まってきます。妊娠期間は動物によって異なるため、交尾を迎えるにあたり発情する季節はそれぞれですが、特定の季節のみ発情を迎える動物を「季節性繁殖動物」と呼びます。

多くの野生の哺乳類はこの季節性繁殖動物です。それに対し、一年中繁殖

表 3-3　日本の大型哺乳類における繁殖情報

種	性成熟 オス	 メス	妊娠期間 （日）	交尾期	出産期	繁殖様式	1回あたり 平均産仔数
ヒグマ	2〜4歳	4〜5歳	210〜240	5〜7月	1〜2月	長日性 季節繁殖	2頭
ツキノワグマ	2〜3歳	3〜4歳	210〜240	5〜7月	1〜2月	長日性 季節繁殖	2頭
イノシシ	1歳	1歳	115〜140	12〜2月	4〜5月	短日性 季節繁殖	4〜5頭
ニホンカモシカ	2〜3歳	2〜3.5歳	215〜220	10〜12月	5〜6月	短日性 季節繁殖	1頭
ニホンジカ	1〜3歳	1〜2歳	225〜235	9〜11月	5〜6月	短日性 季節繁殖	1頭
ニホンザル	3〜4歳	2〜3歳	160〜180	9〜12月	3〜6月	短日性 季節繁殖	1頭

可能な動物は「周年繁殖動物」と呼び、産業動物やヒトなどがそれに当てはまります。日本は春夏秋冬がはっきりしているので、野生の哺乳類は季節性繁殖動物になりやすいのです。それに対し、緯度が低く、夏と冬に大きな違いがない温暖な地域では、いつでも出産するような周年繁殖動物が比較的多い傾向になります。

当然ですが、動物はカレンダーを見て、春なのか秋なのかを知っているわけではありません。かれらが季節を知るうえで重要なのは日照時間です。冬から春、そして初夏と、季節が進むにつれ、日照時間は長くなります。私たちも日が長くなってくると春を感じますね。春から初夏にかけて繁殖する動物は、脳の松果体《しょうかたい》で日が長くなることを感じると、脳下垂体からホルモンが分泌されて、発情します。このような日が長くなってくると発情する動物を長日性《ちょうじつせい》季節繁殖動物と呼びます。ツキノワグマとヒグマがこれにあたります（**表3-3**）。

反対に、秋や冬に交尾する動物は、日が短くなってくることがホルモン刺激となって、発情します。これらの動物を短日性《たんじつせい》季節繁殖動物と呼びます。ニホンジカやニホンカモシカ、それにニホンザルが該当します。

ちなみに、イノシシは春か初夏に出産しますが、子の成長が早い地域や、子がうまく育たなかった場合、秋に再び出産する個体がいます。イノシシは短日性季節繁殖動物でもあり、時には長日性季節繁殖動物にもなりうる動物です。

ホルモン刺激

発情は主に性ホルモンの変動によって制御される。オスであれば主にアンドロゲン（雄性ホルモン）、メスであればエストロゲン（雌性ホルモン）の増加により、発情が刺激される。

草食動物は妊娠期間が長く、胎仔が大きい

各動物の妊娠期間を見ていきましょう。ヒトではおよそ270日間、イヌやネコではおよそ60日間です。本章の対象である大型哺乳類の妊娠期間は**表3-3**のとおりです。ちなみに最も妊娠期間が長い動物はゾウの約660日間です。胎仔は2年近くも母親の体内にいて、体重が100キログラム以上になってから生まれてきます。それに対して、最も妊娠期間が短い動物は有袋類のオポッサム科で、短い種で12日間とされており、新生仔は1ミリグラムにも満たない体重で生まれてきます。ひと口に妊娠期間といっても、動物ごとにかなり異なっていますね。

一般に捕食者である肉食動物よりも被食者である草食動物のほうが妊娠期間は長くなる傾向があります。草食動物と肉食動物の出産時の体重を示しました（**図3-16**）。草食動物は肉食動物に比べ、母親の体重に対して比較的重い体重の子供を出産していることがわかります。これは妊娠期間が長いこととも関連しています。長い妊娠期間を経て、大きくなってから生まれれば、生まれた直後でも肉食動物から逃れられる可能性が高まります。これは少しでも生存率を高めようとする戦略でしょう。

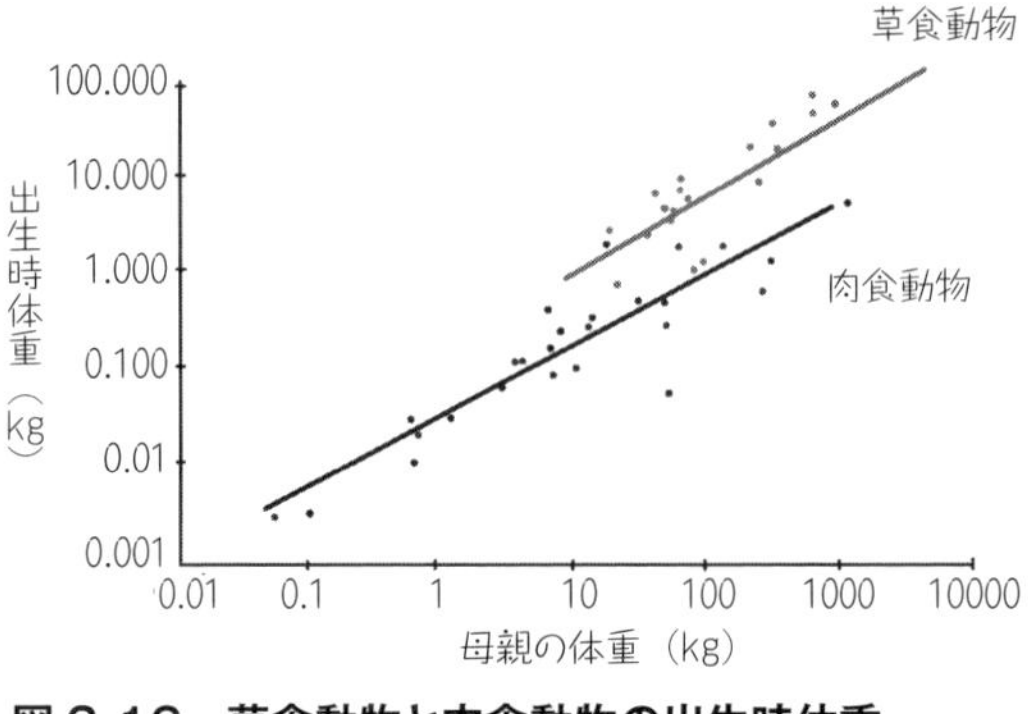

図3-16　草食動物と肉食動物の出生時体重

（Austin and Short, 1982に基づき作図）

1回に出産する頭数は？

1回当たりの産仔数は動物によってさまざまです。哺乳類は出産後に授乳して育てるため、比較的少ないといえます（**表3-3**）。例えば、ニホンジカやニホンカモシカのように妊娠期間が長く、胎仔を大きくして出産する動物は1頭のみを出産するのが一般的です。ニホンザルのメスも1頭のみを出産します。クマは平均2頭を産みますが、出産時の体重が200グラムほどと小さく（134ページ）、初期の死亡率が他の動物よりも高いことが関連しているのかもしれません。

一方、比較的多くの子供を産むのはイノシシです。かれらの繁殖戦略は、ほかの大型動物とは違い、ある程度の数を産んで、その中で1頭でも残ればよいとするような戦略です。イノシシの初期死亡率はけがや病気によって比較的高いとされています。さらにひと昔前は日本にオオカミがいたので、子供のうちは今以上に高い死亡率であったでしょう。よって、多産型の戦略をとるようになったのかもしれません。

過去に何回出産しているかを知る方法

何歳で繁殖可能かがわかったとしても、実際にその年齢で繁殖するのかどうかは別問題です。成熟年齢に達したからといって子供を産んだとはいえず、それを知ることは難しいです。もちろん、0歳の子と一緒にいる母親であれば、その年に出産を経

乳頭周辺の毛が擦れている母グマ
（NPO法人ピッキオ 提供）

験したことが一目でわかります。あるいは、乳腺の発達具合や乳頭周辺の毛が子の吸乳によって擦れている状況からも、出産したことを推定することはできます。しかし、過去に出産したことがあるのかどうかを判断することは難しいのです。それを知る方法がいくつかあります。

①胎盤痕から繁殖履歴を知る方法

その1つが子宮角に残った胎盤の痕を見る方法です。**図3-17**に、アライグマの胎盤痕《こん》を示しました。子宮角に1本のラインのような胎盤痕がみられます。胎盤については54ページで学びましたが、食肉目《しょくにく》は帯状胎盤でしたね。この帯状胎盤の痕が、子宮内膜にしばらくの間、かさぶたのように残っています。胎盤痕の数は出産数と同じなので、出産の有無だけでなく、何頭出産したのかを推定することができます。

ただし、この胎盤痕は時間とともに薄れていき、次第に見えなくなってしまいます。よって、ある程度の時間以前の情報を得ることは難しいということになります。さらに、解剖して初めてわかることなので、個体が生きたままの状態で繁殖履歴を知ることはできません。

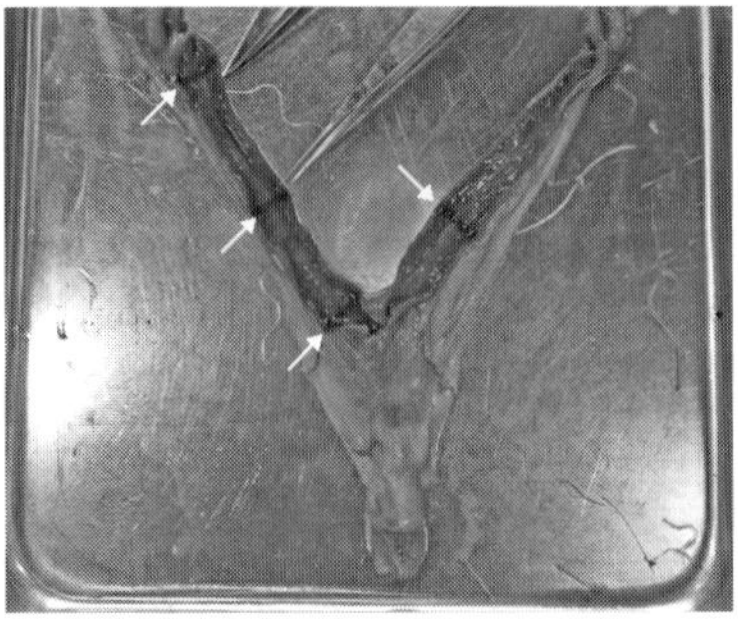

図3-17　アライグマの子宮に残った胎盤痕（加藤卓也氏提供）
帯状の胎盤痕（↗）が4か所見られるので、4頭出産したと考えられる。

②卵巣の状態から繁殖履歴を知る方法

卵巣《らんそう》に黄体《おうたい》が形成されているかどうかで繁殖履歴を推定する方法もあります。卵巣の黄体は、排卵後に卵細胞を包んでいた卵胞《らんほう》が発達して形成される内分泌構造です（**図3-18**）。この黄体からは黄体ホルモンが分泌され、受精卵の発達を助けますが、受精がなければ退縮していきます。よって、卵巣に黄体が維持されていたとすれば、それは過去に妊娠していた指標となります。ただし黄体も、出産後しばらくすれば徐々に退縮していき、いずれは卵巣からなくなります。そのため、出産してから時間が相当に経っていた場合は、黄体から推察することは難しいのです。

③体毛のホルモンから繁殖履歴を知る方法

体内のホルモン量が毛に反映されることが、最近になって明らかになってきました。この特性を利用して繁殖履歴を推定することが行われはじめています。哺乳類は卵巣から繁殖に関連するホルモンを分泌していますが、受精卵が着床すると黄体ホルモン（プロジェステロン）が盛んに分泌されます。これは哺乳類に共通する生理的なメカニズムで、このプロジェステロンが毛にも含まれていることがわかってきました。したがって、毛に含まれるプロジェステロンを測定すれば、その年に出産したのかどうかを推定できる可能性があります。解剖により卵巣の状態や子宮の確認によって繁殖履歴を把握するのではなく、体毛の採取だけで個体の繁殖履歴が推定できることは画期的です。あとは、どれくらい正確に判別できるのかが課題でしょう。

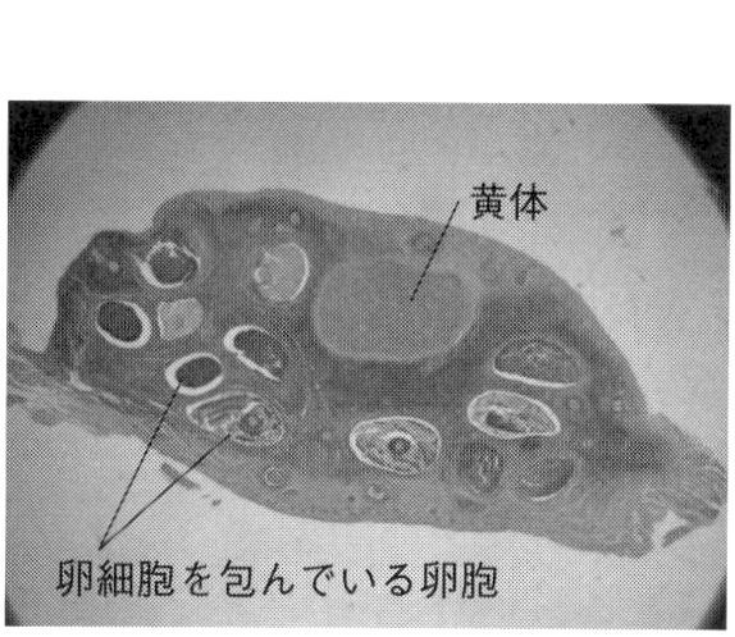

図3-18　クリハラリスの卵巣に形成された黄体（伊藤元裕氏提供）

④歯や角の年輪の幅から繁殖履歴を知る方法

それ以外の方法として、角や歯の年輪幅から推定する方法が近年示されています。年齢査定の部分で紹介したように、角にできる凸や歯のセメント質にできる濃染層は冬季の指標で、その凸や層をカウントすることで年齢が推定できます（**図3-4**）。濃染層ができるのは、セメント質の成長が悪くなり密度が高くなるためです（105ページ）。ということは、その濃染層と濃染層との間である淡染層の幅は、夏季の成長を表しているといえます。夏季の成長が良い年は淡染層の幅が広くなり、成長が悪い年は幅が狭くなるはずです。

着床遅延――クマ類の受精卵はすぐに着床しない

受精卵が子宮内膜と接着して、内膜内に進入することを「着床」と呼びます。

着床遅延とは

クマ類はたいへん興味深い繁殖様式を持っています。かれらは春～初夏の間に交尾しますが、精子と卵子が接合した受精卵は、すぐには子宮内膜と接着（着床）しません。着床しない受精卵は、子宮内で発生が止まった状態で数か月を過ごします。そして冬眠した11～12月ごろに、ようやく子宮内に着床します。そこから出産まではわずか2か月ほどです。多くの動物は春から初夏に出産するのに対して、母グマは冬のまっただなかの2月ごろに出産し、母乳で育て上げるのです。

「妊娠」がどのような状態を指すのかによって、妊娠期間の捉え方は異なります。多くの場合、「妊娠」とは精子と卵子が接合したときから出産するまでの期間を指します。多くの動物では、受精から着床までの期間は数日であり、その間に大きな時間差はありません。

しかし、着床して初めて親と子がつながり、栄養の交換が行われる状態になることから、着床から出産までの期間こそが厳密な妊娠期間だとも考えられます。だとするとクマ類の妊娠期間はわずか2か月間です。そのこともあって、クマ類の新生仔は200～250グラムの小さな未熟仔であることが特徴です。

クマ類の例のように、受精卵から

では、どのような年に成長が悪いのでしょうか。餌資源が乏しい年は成長できず、幅が狭くなるでしょう。他にも、出産や育児の影響も考えられます（**図3-19**）。母親は授乳によって、自身にエネルギーを回すことができず、結果としてセメント質の成長が停滞すると考えられます。すなわち、幅が狭い年は繁殖していた可能性が高

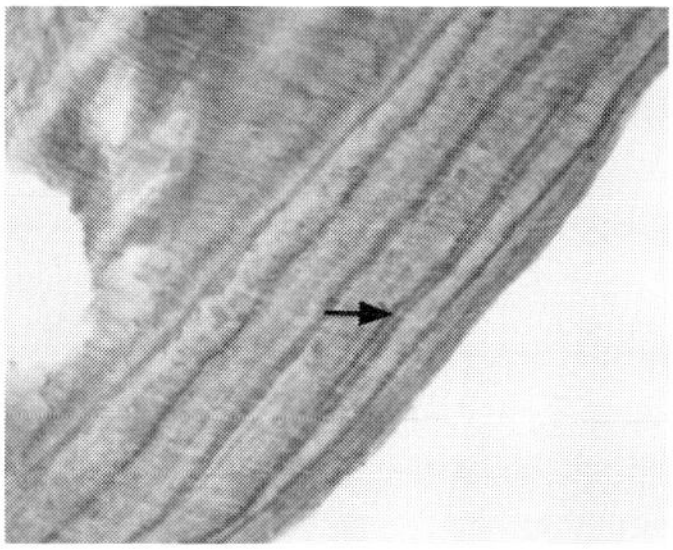

図3-19　歯を用いた繁殖履歴の推定
出産した年は幅が狭くなる

着床までに時間差があることを「着床遅延」と呼びます。着床遅延が起きる動物は、クマ類以外にも、アナグマなど100種以上が知られています。

2020年に上野動物園でふたごのパンダが生まれたことは全国的なニュースになりましたが、クマ科であるジャイアントパンダも着床遅延をする動物です。パンダの交尾は春先ですが、着床してからの妊娠期間は比較的短く、未熟な赤ちゃんが産まれてきます。テレビや新聞で、真っ赤な皮膚をした新生仔を見たことがあるのではないでしょうか。

着床遅延する理由

では、どうしてこのような着床遅延をするのでしょうか。一般的には、栄養状態に応じて戦略的に母親が行っていると考えられています。哺乳類は出産後に授乳を行い、子供を育てます。そのため、母体は多大なエネルギーを消費します。授乳することで自分が死んでしまっては、元も子もありません。出産しなかったクマでも、冬眠前と冬眠明けでは体重が40％も落ちていた事例があり、冬眠中の出産は親にとっても命がけのイベントです。ですから、母親が冬眠までに十分な餌をとることができた栄養状態が良いときには受精卵を着床して妊娠し、栄養状態があまり良くない年には着床せずに流産するしくみになっているのではないかと考えられています。

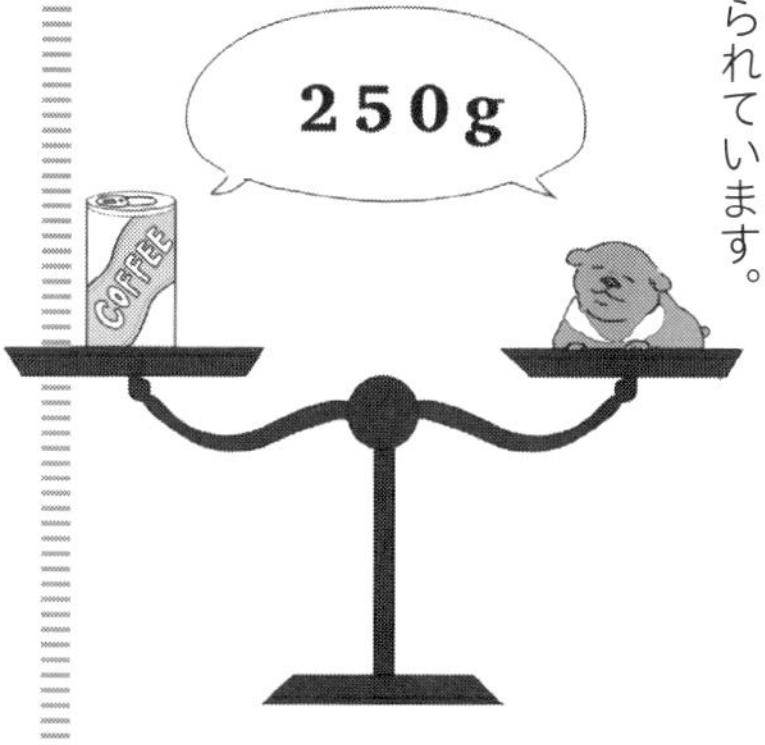

いと考えることができるわけです。淡染層の幅と繁殖との関連性が近年示されはじめています。そうであれば、今後は解剖することなく、歯を用いて長期間の繁殖履歴を解明することもできるようになるかもしれません。今後の研究の進展が期待されます。

3-7 個体数を調べる

動物の保護や管理を検討する際には、生息地にどの程度の個体数がいるのかは是が非でも把握しておきたい情報です。しかし、実はこれほど「言うは易《やす》し、行うは難《かた》し」なことはありません。調べるにはたいへんな労力とお金、それに時間がかかります。また、森の奥深くにまで生息する動物が何頭いるのかは、どんなに調べても正確にはわからないので、推定するしかありません。さらには、推定した個体数がその後増える可能性はあるのか、それとも減少して絶滅してしまうのか、個体数を把握するだけでなく、将来の予測も非常に大切です。この節では、どんな方法で個体数を推定するのか、将来をどのように予測するのかを紹介します。

個体数を推定する方法

個体数を推定する方法はいくつもあります。ただ、山林の中で対象動物を見つけるのはとても大変です。そこで、動物が残す糞から個体数を推定する方法があります。

①糞塊法《ふんかい》

動物は生きていれば糞をします。ですから、落ちている糞の数は個体数を知る手がかりになります。決まった範囲の中にどれだけ対象動物の糞の塊が落ちているのかを数え、その数から個体数を推定する方法です。この方法は、ニホンジカやニホンカモシカの調査ではよく用いられます。簡便な方法で情報の精度は低いのですが、このような糞の塊を多くの場所で調べていくことで個体数を推定することができます。

②糞粒法《ふんりゅう》

糞の塊ではなく、粒を1つ1つ数えていく方法もあります。1メートル×1メートルなど決まった大きさ（調査によって大きさはさまざま）の調査区を複数箇所に設置し、その中にいくつの糞があるのかを数え、その値から個体数や密度を推定する方法です（**図3-20**）。実際に糞をした時期よりもあとに調査しているため、糞の一部が消失していることも考慮して推定を行います。

もちろん、直接個体数をカウントする方法もあります。全ての個体数をカウントすることは到底不可能ですが、調査手法に則って調べることで推定することができます。

図3-20　糞粒法による調査のようす

③区画法

猟で行われる「巻狩《まきがり》り」に似た調査方法です。山林にある程度の面積の調査エリアを設定し、そのエリアをいくつかに分け、各区域に調査員を配置します。そしてみんなで一斉に担当区域内を歩き、対象動物をカウントし、その値から個体数を推定します。このとき、取りこぼしがないように調査員は担当区域をまんべんなく歩き、かつほかの調査員と歩調を合わせて、一方向に動物を追い立てるように進みます。

④定点調査

定点調査というと交通調査員のお仕事を思い浮かべる方もいるかもしれません。実際、これはその野生動物版です。特に樹木の葉が落ちる冬季に有効な調査方法で、対岸の斜面を一望できる見晴らしの良い場所に調査員を配置します。調査員は、決められた調査時間中、双眼鏡などで対象動物を探してカウントします（**図3-21**）。昼間に行動するニホンカモシカなどの調査に用いられます。

⑤ライトセンサス法

ニホンジカをはじめ野生の哺乳類の多くは夜行性です。これに合わせ、夜間に車を走らせて、ライトで森林の中や草原を照らして動物をカウントする方法です（**図3-22**）。光が当たると動物の目の奥にあるタペタムが光るため、ある程度離れた距離にいても頭数や種類を把握できます。このカウント数から個体数を推定する方法です。

巻狩り

複数の狩猟者が協力して獲物を狙う方法。追い手が銃を持つ狩猟者のところまで獲物を追い込み、仕留める。

図3-21　定点調査における観察のようす

⑥エア・センサス法

樹木が葉を落とした時期に、ヘリコプターで上空から個体を数えることによって個体数を推定する方法もあります。しかし、ヘリコプターを飛ばすには多大なお金がかかるうえに、地形が急峻で木々が繁茂するエリアが多い日本ではあまり適していないので、大規模な調査でない限りほとんど行われていません。

最近は、ドローンを用いた調査も行われ始めています。ヘリコプターを飛ばすよりも格段に安価であり、低空で飛ぶこともできるため動物も発見しやすく、効率的かつ精度の高い個体数調査ができると考えられます。また、画像解析にはＡＩの技術が用いられていて、さらなる技術的な発展も期待できます。ドローンを利用した個体数推定の事例は増えていくことでしょう。

トラップを用いて個体数を推定することもあります。ネズミ類などの小さな哺乳類は比較的簡単に捕獲できますが、大型哺乳類となればそう簡単にはいきません。そこで、カメラや有刺鉄線を使うトラップで個体数を推定する方法があります。

⑦標識再捕獲法（ヘアートラップ法を含む）

この方法は、ある地域内で捕獲した個体に標識をつけたのちに、一度生息域に戻し、その後一定の期間をあけて再調査を行った際に、捕獲個体の中に標識がついた再

図 3-22　ライトセンサス法による調査のようす
ニホンジカが２頭いる。目が白く光って見える。

タペタム
輝板（きばん）ともいう。金属光沢があり目の網膜に入ってきた光を反射する。弱い光を効率的に利用する仕組みで、夜行性の哺乳類の多くがもつ。

図 3-23　クマ捕獲用のおり

捕獲個体がどの程度の割合でいるかを調べることによって、全体の個体数を推定する方法です。小型動物や中型動物は、トラップによって捕獲し調査を行っています。大型動物のクマの調査でも用いられています（**図3-23**）。しかしクマは、実際に捕獲するのが非常にたいへんなので、別の方法が代用されます。

その1つが「ヘアートラップ」です。森林の中に有刺鉄線を張り巡らせたわな（トラップ）を設置し、その中央には餌を吊るしておきます（**図3-24**）。するとクマが餌欲しさに囲いの中にやってきて、毛が有刺鉄線に残ります（**図3-25**）。この毛を採取し、遺伝子を抽出すれば個体識別ができるのです。

個体識別ができれば、同じ個体がそのトラップに再度捕獲されたかどうかの確認ができるので、標識を装着し再捕獲するのと同じ情報が得られます。2回の調査によって識別した全個体数と2回とも確認された個体数がわかれば、生息する個体数を推定することができるわけです。

図 3-25　有刺鉄線に残った毛

図 3-24　ヘアートラップ法

⑧カメラ・トラップ法

赤外線センサーが動物の体温を感知して自動撮影できるカメラを用いて、個体数および生息密度を推定する方法です。森林の中で生息する哺乳類を直接観察することは極めて難しいので、自動撮影カメラでその場所に生息する動物種が撮影できる（**図3-26**）のは大きな利点です。それらの写真から調査地に生息する動物の種類が明らかになるだけでなく、撮影頻度から個体数や生息密度を推定することができます。近年盛んに使われている方法です。

個体数の将来予測

個体数を把握するだけでも大仕事ですが、その後のことも気になります。対象としている動物が将来増えるか、減少してしまうのか、あるいは安定しているのかを予測することも野生の哺乳類を保護および管理するうえでは重要です。きっと増えるだろうという希望的観測でたくさん捕獲してしまい、結果として減少や絶滅に至っては

図3-26　センサーカメラで撮影された野生動物
上右：アカギツネ（亜種ホンドギツネ），上左：ツキノワグマ，下：イノシシ

うか。

元も子もないわけです。過去に起きた種の絶滅の背景には、そんなヒトの勝手な思い込みもあったことでしょう。では、将来を予測するためにはどうすればよいのでしょうか。

まず、将来の個体数を予測するときには、メスの数が重要です。なぜならば、哺乳類では出産するのはメスだけなので、メスの頭数が次世代の個体数に影響するからです。オスが何頭いても生まれてくる子供の数には影響しません。そのため、将来の個体数の増減を考える際にはメスの数のみを考えるのがふつうです。そして、将来の個体数を予測する値の基礎となるのは増加率です（詳細は144ページ「増加率を求める方法」参照）。増加率は、「1頭のメスが生涯に平均何頭産むのか」を示す値です。

実際の数字で考えてみましょう。増加率の値が1であった場合はどうでしょう。1頭のメスが平均すると生涯において1頭のメスの子供を産んだとする値です。平均ですから、成熟するまでに死亡してしまうメスもいるでしょうし、1頭以上出産したメスも全て含めて平均した値です。すなわち、この値である増加率が1であれば、対象とした個体群は増えも減りもせず、安定的であると予測することができるわけです。増加率が1以上であれば個体数が増加傾向にあると見てとれます。反対に1以下であれば減少傾向にあると読みとれます。ちなみに、日本人の増加率も算出されており、その結果が0・7なので（女性の平均生涯出産「女性」数が0・7人）、人口が減少傾向にあるとされているわけです。

イノシシやニホンジカの増加率はどうなのかといえば、1・2～1・4の範囲ではないかと考えられています。つまり、イノシシやニホンジカの集団は増加傾向にあるという値です。1・2と聞くとたいしたことがないと思われるかもしれません。しかし、この値は冷静に考えると非常に大きな値です。**図3-27**を見てください。初期の値を100頭、増加率は変化しないと仮定すると、計算上100×1・2×1・2×1・2……となり、4世代後には2倍の200頭以上になっています。20世代後には40倍の約4000頭です。増加率が一定であると個体数は指数関数的に増えていき、とんでもない数字になってしまうことがわかります。増加率が1・4であれば、もっともっと早くに個体数が増加していくわけです。増加傾向にある野生の哺乳類の管理については**第4章**でも触れますが、早急に対応する必要があることは直感的にわかってもらえるのではないでしょうか。

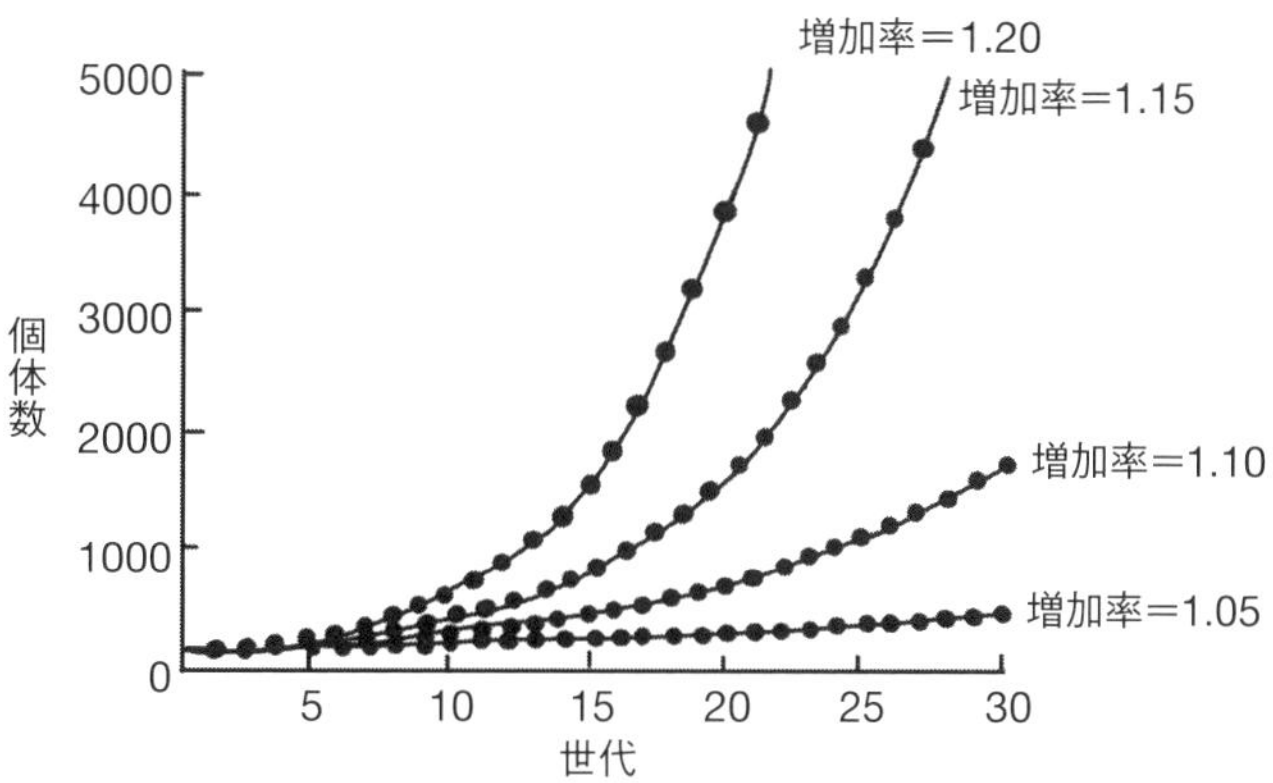

図 3-27　個体数増加のパターン
初期値は 100 とする。

増加率を求める方法

増加率はどのように求めることができるのでしょうか。それを求めるためには「生命表」と呼ばれる表を作成することが大事です。表は各年齢におけるメスの個体数および平均出産数のデータから作成していきます。捕獲した個体がオスかメスか判別する方法は**3-1**節で学びました。また、各個体の年齢は、**3-2**節で学んだように、歯のセメント質から推定することができます。さらには、繁殖した個体数には、**3-6**節でもお話ししたように胎盤痕や卵巣にできる黄体などで見積もることができます。これまでお話ししてきた調査方法の集大成のような表なのです。

それらを解析することによって、各年齢の生存率も推定することができます。この表では、0歳のときには160頭いたメスが、1歳では40頭になっているので、この1年間の生存率は0・25です。こうした各年齢の生存率と平均出産数である2・3頭を掛け合わせ（表では0・575になります）、それらの総和が、メス1頭あたりの生涯産子数を平均した値となります。これこそが増加率の値です。表の増加率は1・145です。

生命表の例

年齢	個体数	齢別生存率	平均出産数
0	160	1	0
1	40	0.25 (40/160)	2.3
2	18	0.1125 (18/160)	3.7
3	6	0.0375 (6/160)	4.1

増加率＝0.25×2.3＋0.1125×3.7＋0.0375×4.1＝1.145

第4章 哺乳類と人のかかわり

地球が誕生したのは約46億年前、そして哺乳類が出現したのが約3億年前と推測されています。ただ、このようなはるか遠い昔の出来事を聞いても、途方もない時間を感じるだけではないでしょうか。そこで、46億年間を1年間のカレンダーに置き換え、地球の生い立ちを見ることにしてみたいと思います。

地球が誕生した時を元日午前0時ちょうどとし、現在を1年経った1月1日午前0時0分0秒として計算します。それで見ると、生命が誕生したのはおよそ38億年前と考えられているので、カレンダーでは昨年の2月上旬ぐらいの出来事になります。また、多細胞生物が出現したのが9月末ごろ、そして魚類が出現したのが11月下旬になりますね。地球カレンダーで考えると、脊椎動物の誕生は、最近の出来事に感じるのではないでしょうか。

では、地球カレンダーで哺乳類がいつ誕生したのかといえば、1年も終わろうとする12月上旬です。年越しの準備を始めるような時期に、ようやく哺乳類が地球上に出現したわけです。この時期は、恐竜が繁栄していた時期でもありました。そんな中、12月26日午後8時ごろに巨大隕石《いんせき》がメキシコのユカタン半島沖に衝突する大事件が起きます。そのことが恐竜の絶滅を引き起こしたのだろうと考えられていることは良くご存じでしょう。そして、この恐竜の絶滅は、結果的に哺乳類の利用可能な環境（ニッチ）をつくり出すことになり、その後の多種多様な種の出現につながりました。

我々ヒトの出現時期も気になるところですね。それは、なんと12月31日午後11時37分の出来事になります。除夜の鐘が響いている時間帯に、ようやく誕生したのです。つまり、地球カレンダーで考えると、地球上に誕生してから約20分間しか経っていないことになります。実に短い時間ですね。ちなみに、地球46億年を1年に置き換えたとき、1秒は１４６年分の時間になります。1時間は53万年、1日は１２６０万年、1か月は3億7千万年です。我々の人生が１００年時代になってきたとはいえ、それでも1秒にも満たない時間しか地球に存在することができない儚《はかな》い生命体ですね。

さて、これから本章でお話しするのは、12月31日12時59分59秒からの1秒間の出来事です。ほんのわずかな時間ですが、この短時間で生物を取り巻く環境は大きく変わりました。しかも、たった1種類の動物、ヒトの活動によってです。現在から1秒前（１４６年前）といえば日本は明治時代です。江戸幕府が終焉を迎え、社会が大きく変わっていった時代です。鎖国していた日本が開国し、海外からの物流および人の移動が盛んになりました。明治初期では３０００万人ほどだった人口が、昭和には

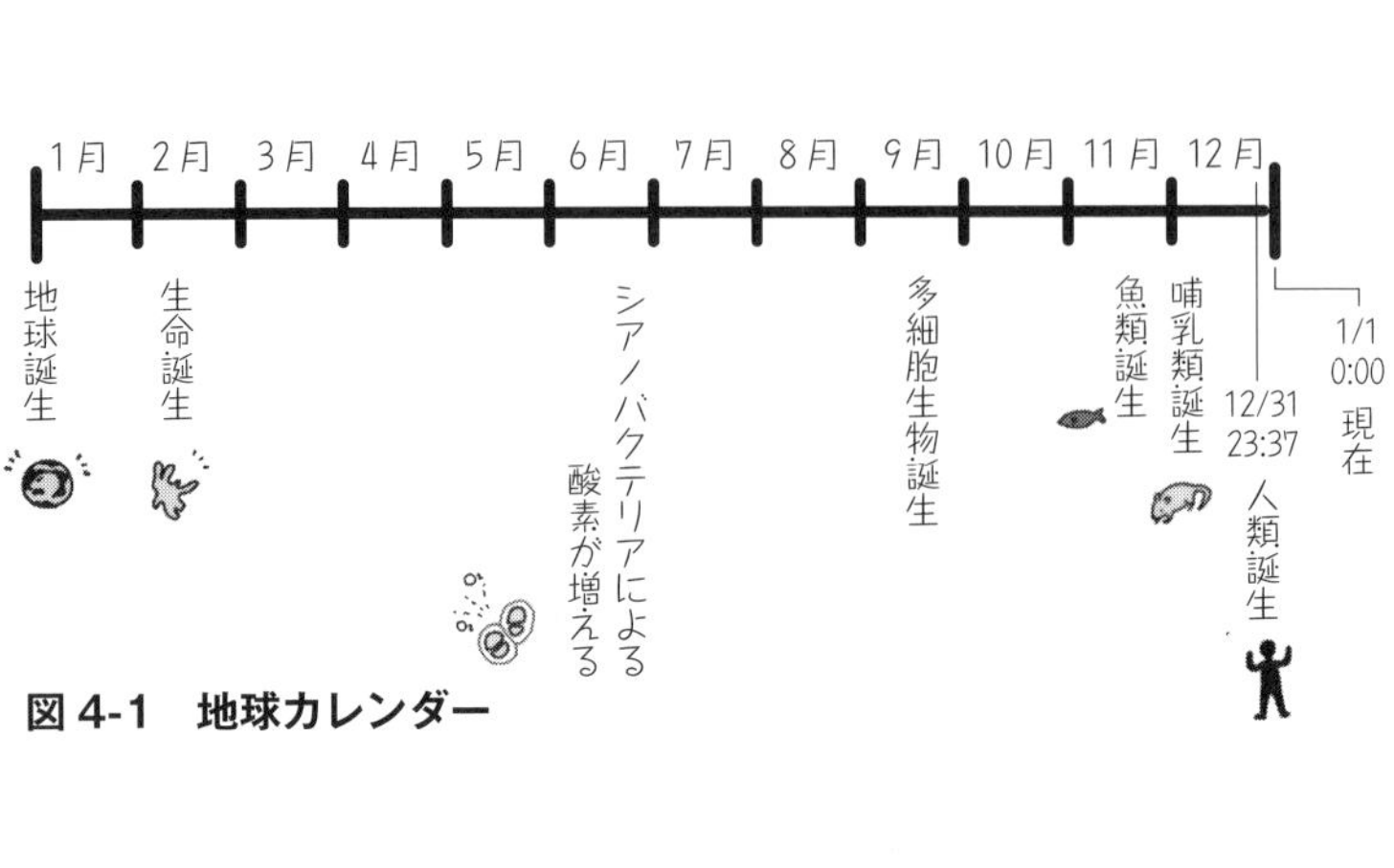

図 4-1　地球カレンダー

1億人を超えるほどに急激に増加しました。また、日本の経済はその間大きく発展し、先進国の仲間入りをしました。その一方で、自然環境が大きく破壊され、その保全は後回しになってきました。その結果、そこに生息する生物は大きな影響を受け続けています（**4-1**節）。

一方、日本では、2000年代になって人口は減少に転じています。また、50％近くの人口が大都市に住むようになり、地方にあった里山が消失し続けています。さらには、中山間地域では高齢者の割合が増加していることなどで、近年のヒトと動物の関係性は大きく変化してきています（**4-2**節）。その変化の1つに、動物の出没や農業・林業被害の増加があります。また、明治以降、多くの動物がさまざまな理由で日本に持ち込まれ、在来の生物が脅かされる事態にもなっています（**4-3**節）。

4章では、地球カレンダーでたった20分間しか地球上に存在していないヒトが、わずか1秒間の活動によって、1年間かけて築き上げた地球を大きく変えている実態について、哺乳類を中心に学んでいきましょう。

ニッチ

生態的地位（ある生物が生態系の中で占める地位）。生物は、生きるうえで必要な資源を利用することにより、生態系の中で特定の位置を占めることになる。その位置のこと。生物にとっての資源には、餌や巣材といった物質的なものだけでなく、巣場所、避難場所等の生活空間、活動時間なども含まれる。

中山間地域

地域の土地利用形態を類型化した農業地域類型で規定される、中間農業地域と山間農業地域を合わせたもの。平野の外周部から棚田までの山間の地域。全国の耕地面積の4割にあたる。

4-1 減少する哺乳類

明治以降、日本において絶滅した哺乳類は5種類います。オオカミ、カワウソ、オキナワオオコウモリ、オガサワラコウモリ、それにミヤココキクガシラコウモリです。また、地域個体群単位で絶滅してしまった種類もいます。２０１２年に環境省は九州地域に生息するツキノワグマが絶滅したことを宣言しました。さらには、四国地域でのツキノワグマは個体数がおよそ30頭未満であると考えられていて、今後何も対策をしなければ数十年後には絶滅することが予測されています。

他にも、ニホンカモシカは明治期以降から１９２５年（大正14年）に狩猟法によって狩猟獣から外れるまで、肉や毛皮を目的に捕られていたことが１つの要因となって個体数が減少しました。現在では、ニホンジカが高密度に分布している地域（特に西日本）では、餌をめぐる競争が起きていて、ニホンカモシカが減少傾向であることが報告されています。この節では、減少している哺乳類の現状や要因、それに対策などを見ていくことにします。

日本において絶滅した哺乳類

オオカミとカワウソをそれぞれ1種とした場合。オオカミは亜種エゾオオカミと亜種ニホンオオカミ、カワウソは本州以南産亜種と北海道産亜種を含むとされ、これらを別の種類として数える場合には7種類となる。環境省のレッドリストでは「7種類が絶滅」とされている。

絶滅危惧種

1章で述べたように日本には１５０種、世界には少なくとも６４００種の哺乳類

表 4-1　環境省のレッドリストのカテゴリーと主な動物種

	カテゴリー	基準	主な種
	絶滅	絶滅してしまった種	オオカミ、カワウソ、オキナワオオコウモリ
	野生絶滅	自然分布域においては絶滅してしまった種	
絶滅危惧種	絶滅危惧 IA 類	絶滅の危機に瀕している種	イリオモテヤマネコ、ツシマヤマネコ、ラッコ
絶滅危惧種	絶滅危惧 IB 類	近い将来、絶滅の危険性が高い種	エチゴモグラ、ケナガネズミ、アマミトゲネズミ
絶滅危惧種	絶滅危惧 II 類	絶滅の危険が増大している種	トウキョウトガリネズミ、クビワコウモリ
	準絶滅危惧	現在は絶滅の危険性は低いが、生息条件の変化によって絶滅危惧になる可能性がある種	ツシマテン、エゾクロテン、サドノウサギ、ゼニガタアザラシ、トド

環境省レッドリスト 2020（環境省，2020）より

が存在しています。しかしながら、かれらが置かれている状況が決して明るくないことを示す情報を、いろいろと目にされることでしょう。絶滅してしまった種は、世界全体で見ると17世紀以降だけでもおよそ80種の哺乳類、１３０種の鳥類がいます。先にお話ししたように、日本でも明治期以降だけで、計5種の哺乳類が絶滅してしまっています。

世界では、国際自然保護連合（ＩＵＣＮ）が中心となって野生生物の状況を調査し、各種の生息状況などをリスト化しています。これらのリストは「レッドリスト」、それをまとめた書物は「レッドデータブック」と呼ばれています。日本では、環境省が中心となり日本に生息する野生生物の現状を調べ、日本版のレッドデータブックを発行しています。

カテゴリー基準は**表４-１**に示した

ＩＵＣＮ
国際自然保護連合（International Union for Conservation of Nature）。自然環境の保全を推進するために、１９４８年に設立された国際的な自然保護団体。政府機関やＮＧＯ、科学者が連携して活動している。

通りです。「絶滅してしまった種（絶滅種）」から「現時点では絶滅のおそれはないが減少する可能性がある種（絶滅危惧Ⅱ類）」まで、6つのカテゴリーに分けられています。環境省の作成したレッドリストのカテゴリーで「絶滅危惧種ⅠA類」・「絶滅危惧種ⅠB類」・「絶滅危惧Ⅱ類」に分類された種が絶滅危惧種として扱われています。2020年度の環境省レッドリストでは34種の哺乳類が掲載されています。つまり、日本に生息する2〜3割の種が絶滅の危機に瀕していることになります。IUCNが示すレッドリストにおいても同様の傾向であり、1338種が絶滅のおそれのある種としてリストになっていて、こちらも2〜3割の哺乳類が絶滅危惧種になってしまっています。日本でも世界でも、哺乳類がおかれている現状は同じなのでしょう。

そして今後、生物の絶滅速度はさらに加速することが予測されています。**図4-2**を見ればわかりますが、近年急速に絶滅した種が増えています。主な要因は、ただ1種の動物、ヒトによって引き起こされていることに疑いの余地はありません。今後の絶滅速度の予測はさまざまですが、いずれにしても地球上の人口がさらに増えていく状況の中で、この速度を変えることは容易ではありません。

減少の要因は何か？

このように多くの動物が絶滅あるいは絶滅の危機に瀕している要因はいくつか挙げられます。

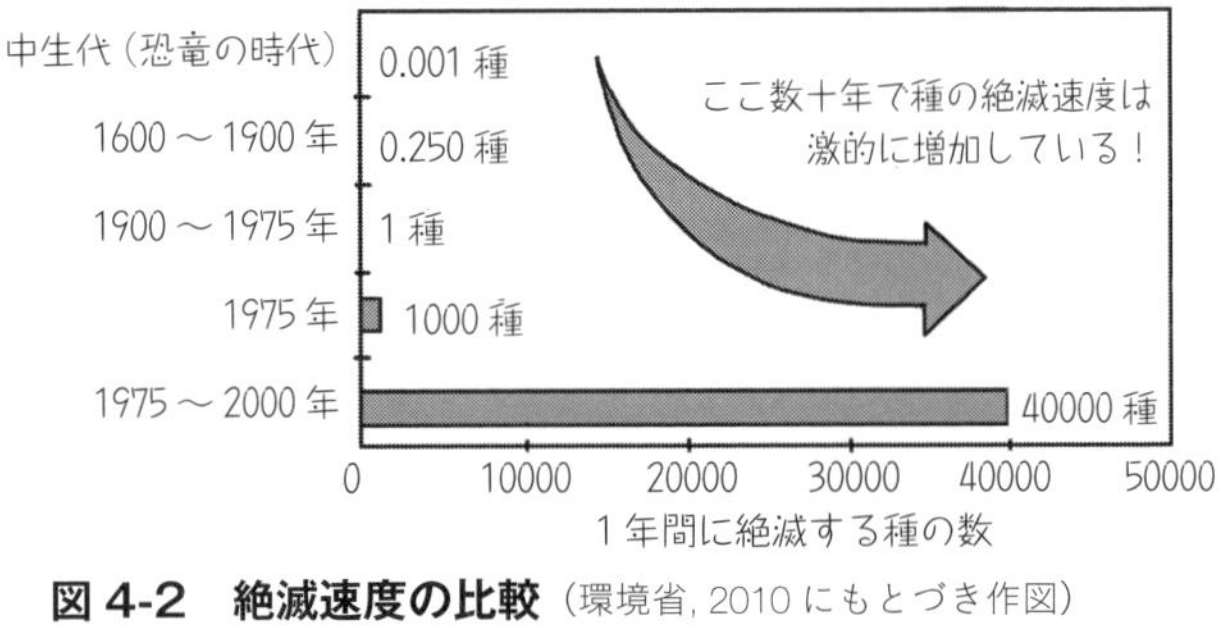

図 4-2　絶滅速度の比較（環境省, 2010 にもとづき作図）

①森林環境の変化

1つは生息地の減少です。ヒトの開発によって現在でも世界中の森林が失われていて、2000〜2010年の間に5200万ヘクタールが消失したという報告があります。あまりにも大きな単位でピンときませんが、日本の森林面積が2500万ヘクタールなので、10年間で日本の森林面積の2倍の量が地球上からなくなってしまっているわけです。当然、生息場所が失われていけば哺乳類が生息できなくなっていくことは明らかです。

また、単純に森林面積が縮小するだけではありません。残っている森林が天然林ではなく人工林である場合も多く、森林としての質の劣化も生じています。さらには、総面積は同じでも森林の連続性がないことで、そこに生息する哺乳類が孤立してしまい、ひいては絶滅へと向かう場合も生じています。日本では、多くの森林がスギやヒノキの人工林に置き換わっていて、動物にとって好適な環境であるとは言い難いものになっています。

②密猟・乱獲

密猟などの違法取引も減少の原因です。高値で取引される象牙を目的としたアフリカゾウの密猟や、伝統薬の原料としてトラの骨を目的とした密猟などが今も行われています。密猟行為を厳格に取り締まることを行わなければならないのですが、密猟

スギ・ヒノキの人工林

第二次世界大戦後、木材の需要が高まったことから、スギやヒノキなど針葉樹の大規模な植林が進められた。日本の森林面積のうち、約4割が人工林である。

の多くはアフリカや東南アジアなど国家財政が厳しいところで起きていることから、取り締まりが難しい状況になっています。日本でも、脂や肉、そして毛皮を目的にニホンアシカやニホンカワウソを乱獲し、絶滅させてしまった歴史があることを忘れてはなりません。

③外来種

外来種の侵入によって在来種が減少してしまうことも報告されています。環境省では在来生態系やヒトの健康や生活に影響を及ぼす外来生物を「侵略的外来生物」として扱い、注意を呼び掛けています。外来生物の侵入によって在来の生物が減少している現状があり、今後は早急な管理が求められています（詳細は**4-3**節）。

④希少種になりやすい動物

減少および絶滅の要因は、生息環境等の変化だけでなく、絶滅や減少に追い込まれやすい種の特徴にも存在していることが報告されています。近年、これまでに絶滅した哺乳類からどのような種が絶滅しやすいかを調べたところ、大陸に生息する種よりも島に生息する哺乳類のほうが絶滅しやすいこと、島の環境に独自の進化を遂げた種ほど絶滅しやすいこと、大型化（あるいは小型化）した哺乳類ほど絶滅しやすいことが、膨大なデータの解析によって示されています。

ニホンアシカ

近年まで日本沿岸域に広く分布していたが、20世紀初頭より漁獲や駆除によって急速に個体数を減らし、絶滅したと考えられている。ただ、カムチャツカ半島でわずかながら生息している可能性も残っている。

侵略的外来生物

外来種の中で急速に分布を拡大し、在来生態系へ脅威を及ぼす種を指す。

保全活動：生息域内保全と生息域外保全

生物の減少が起きている中、さまざまな保全活動が行われています。その方法は「生息域外保全」と「生息域内保全」に大別できます。

生息域外保全は主に動物園が取り組む交尾繁殖や人工的な繁殖が主であり、動物園の環境下で個体数を回復させることを目的に、対象種の繁殖が行われています。日本の哺乳類では、「絶滅危惧ⅠA種」に指定されていて早急に対応が必要な種であるツシマヤマネコ（**図4-3**）の例があります。2021年、横浜市立よこはま動物園ズーラシアが初めて人工繁殖を成功させていて、今後は飼育下での繁殖個体を増やす計画です。将来は、それらの個体の野生復帰を通して、希少種の保全に貢献するような保全活動が行われています。また、コウノトリは国や自治体、さらには動物園が協力し、飼育下で個体数を回復させました。そして、2005年以降に放鳥を行い、野生復帰につながりました。これは、生息域外保全が実際に野生個体群の回復に結びついた良い例でしょう。

生息域内保全は、生息環境を回復させ、個体数が減少する要因を排除し、本来の生息域で個体数が増加することを目的とした取り組みです。それには地道な活動と時間を要します。それでも、本来生息している場所にその種が生息しているのがあるべき姿です。日本では、種の保存法という法律が制定されており、これに基づいて国による域内保全が行われています。また、非営利団体や自治体が中心となって希少動物

図4-3　ツシマヤマネコ

コウノトリ

日本を含む東アジアに分布する大型の野鳥。日本では古くから幸運の鳥として親しまれてきたが、1971年に一度野生絶滅した。その後、野生復帰計画が開始され、個体数が回復しつつある。

が生息する環境を保全する取り組みもさまざまなところで行われています。
国際的には、国際ＮＧＯであるコンサベーション・インターナショナルによる、生物多様性や固有種の割合が高い場所を「生物多様性ホットスポット」として指定し、希少な生物等を保全する活動が行われています。ホットスポットは、２０２３年現在、日本も含めて世界で36か所が指定されています。日本列島を構成する３０００以上の島々全域もその１つです。生物多様性ホットスポットに指定されている地域の総面積は地球の表面積のわずか１・４％しかありませんが、その中に全哺乳類の30％の種が分布していることからも、多様な生物が生息している場所であることがうかがえます。このような場所を重点的に保全していくことで、効率的に希少種を生息域内で保全していく動きもあります。

希少種の保全に関係する法律と国際条約

国内における野生動物にかかわる法律も希少種の保全を行ううえで極めて重要です。代表的な法律を４つ列挙しました。①〜③は環境省、④は文化庁が所管しています。また、国際間の取り決めに関する条約も３つ挙げました。⑥は経済産業省、⑤と⑦は環境省が所管しています。動物のスペシャリストを目指すなら、関連する法律や条約を理解しておくことも大切でしょう。

コンサベーション・インターナショナル
世界各地の自然環境の保全と持続可能な利用を促進するために活動している国際的な環境保護ＮＧＯ。

①絶滅のおそれのある野生動植物の種の保存に関する法律（略称：種の保存法）

絶滅のおそれのある野生動植物を保存するために１９９３年より施行された法律です。国内の希少動植物をリスト化したのがレッドリストであり（１４９ページ）、その中で人為的な影響を強く受けている種を「国内希少野生動植物種」として保存に必要な措置を講じています。「国内希少野生動植物種」は環境省が人為的な影響により存続に支障をきたす事情が生じると判断した種で、２０２２年の段階では４２７種が指定されています。哺乳類では15種が指定され、外来種の駆除や保護区を設けての域内保全が行われています。

②鳥獣の保護及び管理並びに狩猟の適正化に関する法律（略称：鳥獣保護管理法）

鳥獣保護管理法は、普通種や狩猟鳥獣の対象種の保護を図るために１９６３年に施行され、２００４年に管理に関する規定を改正し、制定されています。本法では鳥獣保護および管理の事業の実施や、狩猟に伴う猟具の使用方法などに関する規定が定められています。また、「特定鳥獣管理計画」を各自治体が作成し、計画的に管理することが求められています。

③特定外来生物による生態系等に係る被害の防止に関する法律（略称：外来生物法）

外来種による生態系、農林水産業、人の生命・身体への被害を防止するために、海外起源の外来生物の中で問題を引き起こす動物を特定外来生物として指定し、取り

国内希少野生動植物種

哺乳類では、ツシマヤマネコ、イリオモテヤマネコ、アマミノクロウサギ、齧歯目４種、それに翼手目８種が指定されている。

特定鳥獣管理計画

農作物や森林生態系への被害を防ぐことを目的に、特定の鳥類や哺乳類の個体数を適切に管理する計画。

扱いを規制する法律です（167ページ）。2005年より施行され、以来2回（2013年と2023年）特定外来生物のリストを見直しています。

④文化財保護法

1950年に、国民の文化的向上を目的として制定された、文化財の保存及び活用に関する法律です。文化財は有形文化財と無形文化財、民俗文化財、さらに記念物などに分類し、重要なものを国が指定・登録して、重点的に保護しています。記念物では、さまざまな動物を天然記念物および特別天然記念物として指定していて、保護しています（158ページ）。

⑤特に水鳥の生息地として国際的に重要な湿地に関する条約（略称：ラムサール条約）

国際的に重要な湿地およびそこに生息する動植物が消失したことから、それらの地域および水鳥の保全を促進することを目的とした条約が1971年に採択されました。日本は1980年に批准国となり、世界では2023年現在172か国が加盟しています。その総面積は2億5千ヘクタールであり、日本では釧路湿原、尾瀬（**図4-4**）、渡良瀬遊水地など53か所の湿地が登録されています。

⑥絶滅のおそれのある野生動植物の種の国際取引に関する条約（略称：ワシントン条約）

野生動植物の国際取引に関する条約です。ワシントン条約での規制は、生きてい

2023年のリスト見直し

2023年6月1日の見直しでは、ミシシッピアカミミガメやアメリカザリガニが「条件付特定外来生物」に指定された。条件付特定外来生物では、特定外来生物にかかる規制の一部（飼育・譲渡の禁止）が当面の間解除される。

図4-4　ラムサール条約登録湿地の尾瀬

る動植物だけでなく、毛皮や漢方薬なども含まれます。絶滅のおそれのある野生動植物の種を3つに分類し、規制が厳しい順に「付属書Ⅰ」、「付属書Ⅱ」、「付属書Ⅲ」に分かれています。それぞれのカテゴリーに対する種を**表4‐2**に記しました。

⑦生物の多様性に関する条約（略称：生物多様性条約）

特定の動植物や生態系に限定することなく、地球規模で生物多様性を考え、その保全を目指す条約です。1992年にブラジルのリオデジャネイロで開催された地球サミットにて採択され、日本は1993年に加盟しています。この条約では、大きな目標を3つ掲げています。1つ目は生物の多様性の保全、2つ目は生物の多様性の持続可能な利用、3つ目は遺伝資源の利用から生じる利益の公正かつ衡平な配分です。本条約では、生物を守るだけでなく、持続的に利用すること、さらには資源によって得られる利益を提供国（多くは発展途上国）も得られるようにすることを目指しています。

表 4-2　ワシントン条約付属書の基準の概要、規制内容および対象動植物種

	基準	主な規制内容	主な種
付属書Ⅰ	絶滅のおそれのある種で取引で影響を受けるもの	・商業目的のための国際取引を禁止 ・学術目的等の取引可能	ジャイアントパンダ、ゴリラなど およそ 1000 種
付属書Ⅱ	必ずしも絶滅のおそれはないが、取引を厳重に規制しなければ絶滅のおそれのある種となりうるもの	・商業目的の国際取引可能 ・輸出国政府の発効する許可証が必要	ホッキョクグマ、ライオンなど およそ 37000 種
付属書Ⅲ	自国内の保護のため、他の締約国の協力を必要とするもの	・商業目的の国際取引可能 ・輸出国政府の発効する許可証または原産地証明が必要	セイウチ、アジアスイギュウなど およそ 200 種

天然記念物・特別天然記念物に指定されている個体群および種

日本では、学術上価値が高いと判断された動物、植物および地質鉱物を、文化財保護法に基づき、国が天然記念物や特別天然記念物に指定しています。天然記念物には哺乳類も含まれています。動物種として指定されている場合もあれば、個体群や繁殖地が指定されている場合もあります。例えば、ヤマネやトゲネズミ、ジュゴンなどは種として指定されています。個体群では、青森県の下北半島に生息するニホンザルをはじめ、大分県の高《たか》崎《さき》山、大阪府の箕面《みのお》山、岡山県の臥久《がぎゅう》山、千葉県の高宕《たかご》山、そして宮崎県の幸島《こうしま》に生息するニホンザルの個体群が指定されています。また、文化的な価値があるとして産業動物である山口県萩市の見島《みしま》の牛産地が指定されていたり、伴侶動物である日本犬も天然記念物に含まれています。これらは国が指定する天然記念物ですが、地方自治体が文化財保護条例に基づき指定している天然記念物もあります。

さらに、天然記念物の中でも、より文化的な価値があるものは特別天然記念物とされます。現在、哺乳類ではアマミノクロウサギ、イリオモテヤマネコ、ニホンカワウソ、そして、ニホンカモシカの４種が指定されています。

4-2 増えすぎて困る哺乳類

前節では、個体数が減少し、絶滅のおそれのある種に関してお話ししてきました。国内では、ニホンカモシカや一部の地域におけるツキノワグマやニホンザルが減少および絶滅のおそれのある個体群あるいは種として保護されています。しかし、その一方で、全国的に日本の大型哺乳類は増加傾向にあって、分布域が拡大している現状もあります。片や絶滅のおそれがあるのに、片や増加している地域や大型哺乳類がいるのですから、バランスをとることは極めて難しいと言わざるを得ないですね。

大型哺乳類における分布域の拡大は、農作物の被害を招き、場合によっては人身事故の原因にもなっています。これらの問題に対し、国も各自治体も看過できなくなっています。本節では大型哺乳類はどの程度増加しているのか、増加にはどんな要因が関連しているのかなどを見ていきましょう。

動物たちの逆襲

環境省が1978年と2003年に全国一斉に生物相の分布調査を行い、大型哺乳類の分布域が広がっていることが報告されました。特にニホンジカやイノシシの分布域の増加割合は1・7倍と高い値でした。その後、2018年に環境省が報告した

生物相の分布調査
環境省が全国的に行っている「自然環境保全基礎調査」では、日本国内の自然状況を把握するため、動植物の分布等を調べている。緑の国勢調査とも呼ばれる。

資料では、ニホンジカが1978年から2018年までの40年間で2・7倍、イノシシは1・9倍と、さらに分布域が広がっていることを示しています。**3-7**節（142ページ）でもお話しした通り、これら2種の増加率は現在1・2〜1・4ほどであると推定されていますので、分布域の急速な拡大は当然の結果といえるでしょう。

ツキノワグマも1973年と2003年に分布調査が行われていて、分布域の増加は1・17倍の増加でした。その後、2014年に日本クマネットワーク（JBN）が独自に調査を行った結果、2004年次に比べ、さらに分布域が拡大していることが報告されています。

日本における大型哺乳類の総個体数は、**1-3**節でもお話しした通り環境省が報告しています（34ページ）が、各自治体でも県内の大型哺乳類の個体数を推定しています。1つ1つの細かい数字はここで示しませんが、調査の結果は概ね右肩上がりの増加傾向を示しています。

増加する要因

では、どのようなことが、近年における増加要因と関連しているのでしょうか。いくつかの要因が考えられています。

①中山間地域での人口減少と耕作放棄地の増加

１つは、ヒトと動物との関係性が変化してきたことが挙げられます。日本全体の人口も減少傾向にありますが、顕著なのは中山間地域です。こうした地域では、人口減少に伴い、多くの田畑が利用されなくなっています。利用されなくなった田畑の面積は全国で40万ヘクタールほどで、埼玉県と同じくらいの大きさです。こうした場所は、ニホンジカやイノシシにとって、豊富な食べものがあり、隠れ場所としてもうってつけな環境です。これが個体数の増加につながっていると考えられます。

②造林や草地の拡大

前節で、森林面積の減少を動物の個体数の減少要因として紹介しました。確かに日本では、江戸時代以降から明治期にかけて人口増加に伴って森林の減少が起きました。しかし、昭和に入って薪などの木々を用いた燃料から石油に変わったことにより、山林の利用が大きく変わりました。その結果、人工林の森林面積はこの１００年間で増えました。しかも、その森林の多くが、現在は放置された状態です。さらに、20世紀には大規模な草地の造成が行われてきました。これらの環境は、ニホンジカにとっても好適な餌場となり、個体数増加につながっています。

③狩猟者の減少と高齢化

狩猟者の減少も要因の１つに挙げられます。１９７０年代半ばには50万人以上い

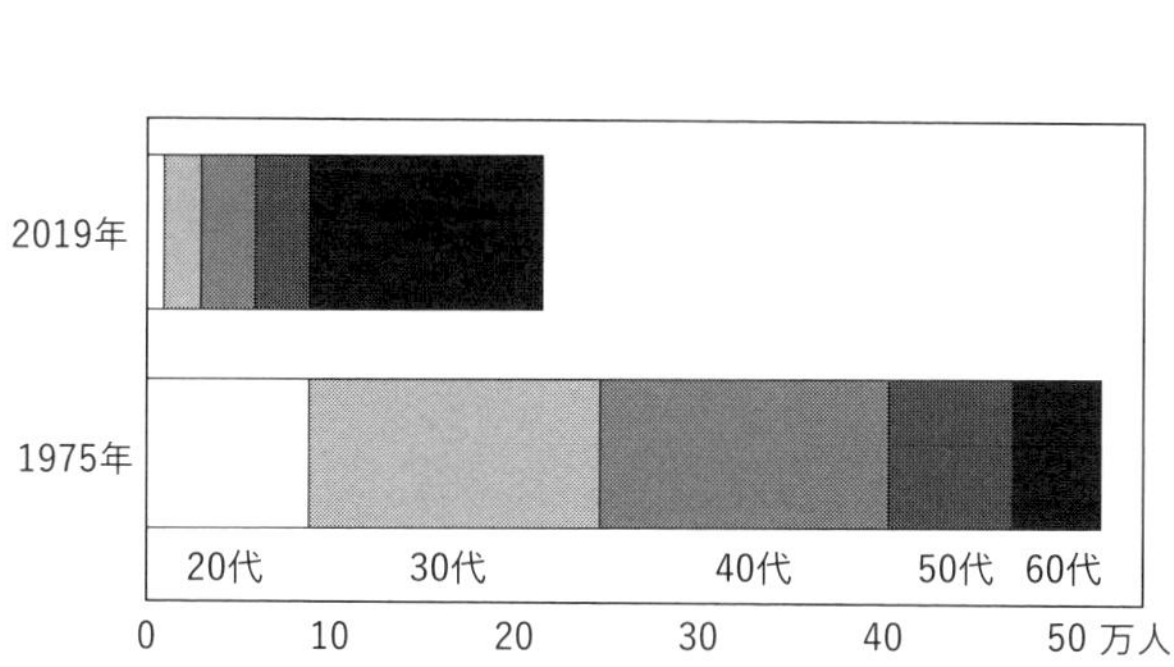

図 4-5　狩猟者の減少

た狩猟者が、２０１０年には20万人ほどとなっています（**図４‐５**）。70年代ごろまでは狩猟者によって個体数がある程度抑えられてきた一方、現在では真逆のことが起きてきています。何事もバランスが大事なのですが、どのようにバランスを保つのか、非常に難しい課題です。

それ以外にも、イノシシやニホンジカは増加率が高い動物（１４２ページ）であることに加え、捕食者であったオオカミの絶滅や暖冬による積雪量の減少が増加を後押ししていることもあるでしょう。さまざまな要因が複合的に関連し、個体数の増加につながっています。

野生動物管理

近年、看過できないほどの農業被害や林業被害が各地で起きています。そこで環境省と農林水産省は、２０１４年の推定個体数に対し２０２３年までの10年間でニホンジカとイノシシの個体数を半減させることを目標に「抜本的な鳥獣捕獲強化対策」を始めました。交付金による支援を行い、２０１９年だけでも50万頭のニホンジカ、64万頭のイノシシを駆除しています。１年間で１００万頭以上の駆除ということは、１日あたり約３０００頭のニホンジカとイノシシが日本のどこかで駆除されていることになります。ものすごい数です。

抜本的な鳥獣捕獲強化対策
ニホンジカとイノシシの個体数が増加し、森林破壊や農業被害が起きていることを受けて、環境省と農林水産省が令和５年度までに個体数を半減することを目標に取り組んだ政策。

それでも目標の個体数までには至っておらず、さらなる捕獲の強化が必要とされています。個体数を管理するためにはお金も人手も必要です。また、やみくもに駆除し続けるだけでは解決できない課題もあります。先に列挙した増加要因を変えていかなければ、一時的には減少しても、いずれ増加に転じ、イタチごっこになってしまうと考えられるからです。継続的に野生動物を管理することの難しさが見えてきます。

また、個体数の増加は、貴重な高山植物や希少植物などの減少等にも一役買ってしまっています。さらには、森林植生が変化することは、土砂流出の原因となったり、貯水機能の低下を招くおそれがあり、森林環境の変化にとどまらず、我々の生活も脅かす結果になっています。そこで近年、野生動物の問題を解決すべく、「個体群管理」、「生息地管理」、「被害対策」の3本柱を立て、行政が中心となった取り組みが行われています（**図4-6**）。

1つ目の柱である「個体群管理」とは、個体数だけでなく、密度や分布も含めて個体群をコントロールすることです。個体数（あるいは密度や分布）が爆発的に増加する傾向にあれば管理の対象となり、顕著な減少傾向にあれば保護の対象となりえます。日本国内においては減少傾向にある中型・小型の哺乳類もいます

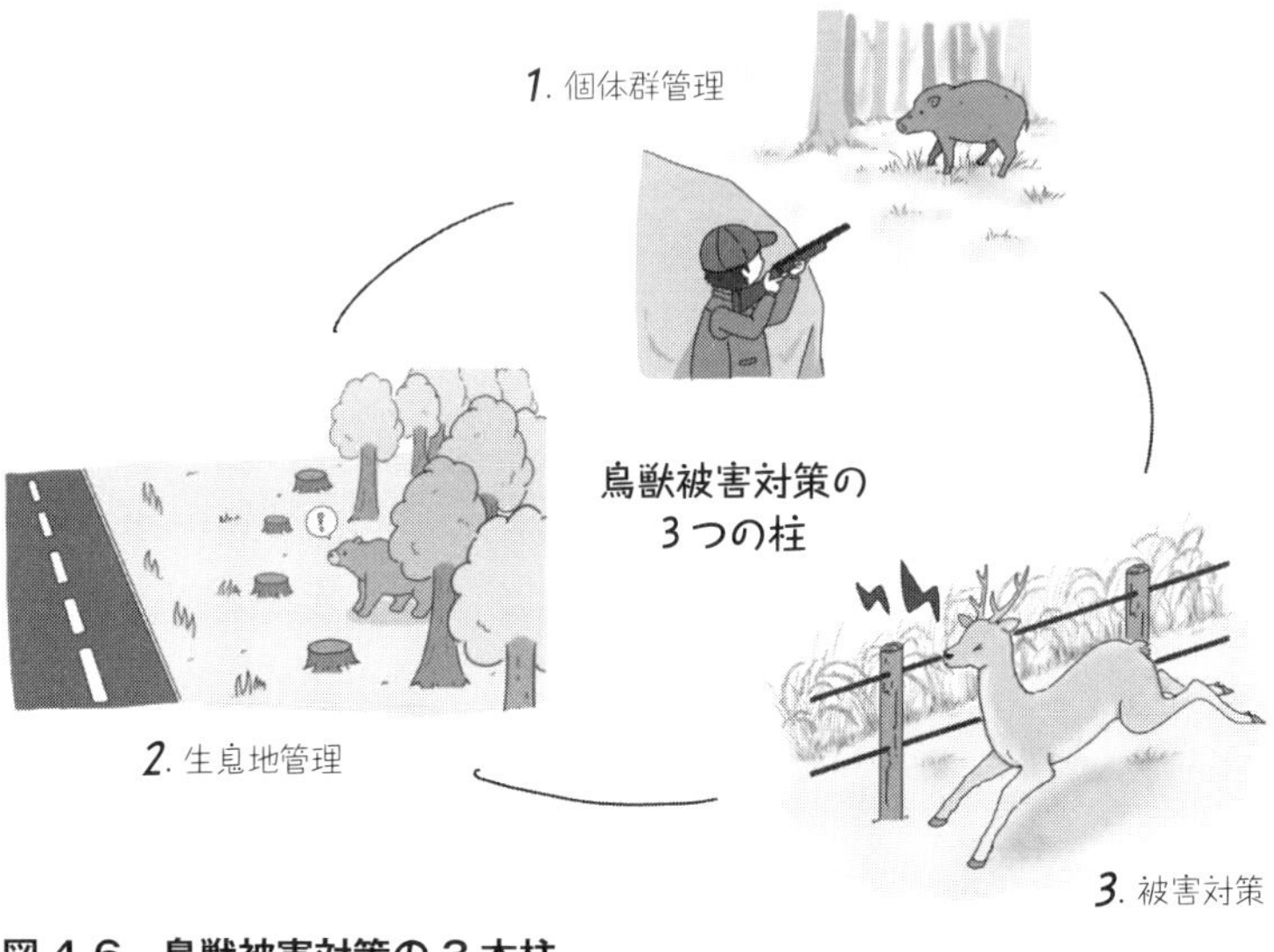

図 4-6　鳥獣被害対策の 3 本柱

が、大型哺乳類の多くは前者のような傾向があります（地域によっては反対の傾向もありますが）。

個体数をコントロールして一定数に抑えようと思えば、少なくとも増加した分は捕獲していかなければなりません。どれだけの数に抑えコントロールすればよいのか、将来的にどの程度の個体を目標として管理しようとしているのかを考えることも必要です。そのためにとるべき科学的な手法の基本については**3-7**節でも学びました。

近年では、豚熱が発生したことによって、対策の一環としてイノシシの捕獲強化が行われています。社会的な課題の解決に向けての対策として動物が管理される状況もあります。

「生息地管理」の具体的な事例としては、野生動物が農地へ出没しないよう緩衝地帯を設けること、耕作放棄地に見られる藪の除去や、カキやクリなどの放棄果樹の管理などが挙げられます。さらには、野生動物が生息する環境を人工林から広葉樹林に転換し、奥山を動物にとって生息しやすい環境に整備するといった生息地の管理も重要です。

２０２２年の農作物被害額は１５６億円で、その多くはニホンジカやイノシシ、ニホンザルによるものでした。「被害対策」では、これら動物が畑に侵入しないように柵の設置を行ったり、動物が忌避するにおいを散布するなどといった物理的・化学的な対策を行うことで、適切な野生動物の管理がなされています。

近年では、国が中心となって、全国的に生息数が著しく増加し、さらに農作物や

豚熱

豚やイノシシが感染するウイルス性の病気で、ＣＳＦ(Classical Swine Fever)ともいう。豚熱は非常に感染力が強く、急速に広がるため、２０１８年以降養豚業にとって深刻な問題となっている。いまのところ、ヒトに感染した報告はない。

生態系に著しい影響を与える野生動物を環境大臣が「指定管理鳥獣」と定め、集中的かつ広域な管理の実施を行っています。これまで指定されていたのはイノシシとニホンジカでしたが、２０２４年４月に四国の個体群を除くクマ類（ヒグマとツキノワグマ）が追加されました。これによって、自治体は交付金として対策にかかる費用に一定の支援を受けられるようになります。今後、クマ類による被害の対策が強化される見込みですが、対策を行うことのできる人材育成も大切になっていくことでしょう。

順応的管理

野生動物の被害や個体数の増加などに伴う問題は、単純に１つの要因ではなく、以上に示した要因がいくつも複雑に絡みあい影響しています。また、刻々と生息状況や対策状況は変化していることから、問題の要因も変化していきます。したがって、野生動物の被害等にかかわる要因を明らかにすることは難しく、不十分で不確実なデータしか得られないのがふつうです。だからと言って、野生動物の管理を諦めるわけにはいきません。

まずは可能な限りの科学的なデータの中で計画を立案して（Plan）実施し（Do）、１つ１つの対策によってどのような効果があったのかをモニタリングしながら評価し（Check）、より良い方法を再び計画に反映させていく（Action）、ＰＤＣＡサイクルを基にした「順応的管理《じゅんのうてきかんり》」を行うことが重要であるとされています。試行錯誤とフィードバックを行いながら、柔軟な管理を進めていくことしか方法はありません。さらには、最初に決めた目標にむけて愚直に実施するのではなく、必要であれば目標の修正を行ったりすることも含めた柔軟な管理方法が求められています。

4-3 持ち込まれた哺乳類

今や外来種という言葉を知らない人はいないほど、よく聞く言葉になりました。改めて定義を確認しておくと、外来種とは人の活動によって意図的あるいは非意図的に本来分布しない場所に持ち込まれた種を指します。なので、海外から国内に持ち込まれた種はもちろん外来種ですが、国内においても本来の分布域ではないところに持ち込まれる種も外来種に含まれます。このような場合を「国内外来種」と呼びます。

では、どのような動物が、どんな経緯で日本に持ち込まれてしまったのでしょうか。また、かれらはどんな影響を及ぼしているのでしょうか。この節ではそれらを見ていきたいと思います。

特定外来生物の種類

日本には外国から持ち込まれたたくさんの外来種がいます。外来種と聞いて多くの方は、マングースやアライグマ、魚類ではブラックバスやブルーギルを思い描くのではないでしょうか。これら多くの外来種は在来生物へ大きな影響を及ぼしていることからメディアで取り上げられています。ただ、実のところ、動物だけでなく、植物も含めると2000種以上の種が既に日本に定着してしまっているのが現状です。定着していない（できていない）外来種まで含めたら、相当な種数となるに違いありません。

このような状況から、2005年より外来生物法（155ページ）が施行され、国が本格的に外来種対策に乗り出しました。生物多様性を脅かす種であり、農作物やヒトの生命・身体へ被害を及ぼしかねない種を「特定外来生物」として扱い、許可なく飼養するほか、運搬、譲渡することもできなくなりました。それら種の一部を**表4-3**に示します。ただ、現在の特定外来生物は動植物合わせて159種（2024年現在）であり、2000種以上の外来種がいる中では十分とは言えないでしょう。万が一、個人で許可なく飼養等を行った場合は、300万円以下の罰金か懲役3年になりますので、くれぐれもご注意ください。

持ち込まれた経緯

国外から日本に外来種が持ち込まれた経緯はいろいろです。その1つがある生物の駆除を目的に持ち込まれた動物が定着した例です。代表例はマングースでしょう。

表 4-3　特定外来生物一覧（令和 6 年 7 月 1 日現在）

分類群	種類数	主な種	分類群	種類数	主な種
哺乳類	25	タイワンザル、ヌートリア、アライグマ	昆虫	27	セイヨウマルハナバチ、アルゼンチンアリ
鳥類	7	ガビチョウ、ソウシチョウ	甲殻類	6	ウチダザリガニ、アメリカザリガニ
爬虫類	22	アカミミガメ、カミツキガメ	クモ・サソリ類	7	キョクトウサソリ科、ゴケグモ属の全種
両生類	18	ウシガエル	軟体動物等	5	カワヒバリガイ、ヤマヒタチオビ
魚類	26	ブルーギル、オオクチバス、ナイルパーチ	植物	19	オオハンゴウソウ、アレチウリ

1910年にハブを退治するために沖縄県へ導入し、その後1970年代になって奄美大島にも放されたことが始まりでした。また、展示動物が飼育施設から逃げ出し(あるいは放逐)、それらが定着してしまった外来種もいます。東京都伊豆大島のタイワンザルやシカ科のキョンなどがそれに該当します。

産業動物資源として持ち込まれたことがきっかけで定着した外来種もいます。ヌートリアやアメリカミンクは毛皮を目的として導入された動物です。戦時中および戦後に毛皮の需要が高まり、多くの毛皮を利用としていたこと、ヌートリアは食材としても盛んに利用されて、それら個体の一部が逃げ出して(あるいは放逐され)定着してしまったと考えられています。

ペットや観賞用に持ち込まれた種も近年では少なくないでしょう。アライグマは典型的な例ですね。さらには、誰が、どのような理由で日本に持ち込んだのか、不明な動物も数多くいます。ただ、経緯はいろいろですが、1つだけ共通していえるのは、「ヒトによって持ち込まれた」ことに間違いないということです。

外来種によってどんなことが起きているのか

外来種が侵入してきたことによって、どんな影響があるでしょうか。外来種による顕著な影響を5つほど挙げてみます。

毒蛇と戦うマングース

①捕食による在来生物への影響

1つの影響は、在来種が外来種に食べられて、個体数が減ってしまうことです。外来種による在来生物への影響は多くの場所で起きていますが、特に島ではその影響が大きいとされています。日本での事例を挙げれば、伊豆諸島の三宅島にネズミ駆除を目的にニホンイタチを導入した結果、島の固有種であるトカゲや鳥類の個体数が激減してしまっていたことがあります。また、チョウセンイタチは1930年ごろに毛皮採集のため移入されましたが、一部の個体が逃げ出して分布を拡大しました。この種は強い肉食性の動物であることから、在来の小型哺乳類相に深刻な影響を与えている例があります。このように、外来種の捕食によって在来種が減少している例は枚挙に暇がありません。

②生息域の重複による在来生物への影響

同じような餌資源を利用する外来生物によって、餌を奪われた在来種の個体数が減少することもあります。例えば、在来生物であるタヌキと外来生物であるアライグマは餌が似ていることで競合し、その結果としてタヌキが追いやられてしまい、減少していることが報告されています。個体数の減少が本当に外来種による影響であるのかを検証することは難しいのですが、少なくともアライグマによるタヌキへの影響はいろいろな地域で起きています。また、フクロウの巣穴をアライグマが休息場所として利用し、フクロウが移動せざるを得なくなったことも報告されています。

アライグマ

③交雑による在来生物への影響

在来種との交雑も大きな問題です。例えば、ニホンザルと近縁種であるタイワンザルは異種間で交雑してしまっていることが報告されています。さらには、これら交雑個体は次世代の子孫を残すことが可能であり、タイワンザル由来の遺伝子を一部持つニホンザルが誕生してしまっています。これらの個体を外来種として扱うのか、あるいは在来種とするのかも問題です。数世代経った個体は、形態的特性だけではなかなか見分けがつきにくく、全ての遺伝子検査をしなければ、交雑個体かどうか、正直なところわかりません。世代交代が起きれば起きるほど、交雑による遺伝的攪乱《かくらん》は難しい問題となります。各地域固有の純粋なニホンザルの遺伝的特徴を持った個体群が消滅し、生態系に影響を与えるおそれもあります。

④農作物等の被害

在来生物への影響だけでなく、人間活動に対しても影響があります。在来生物であるイノシシやニホンジカによる農作物被害も大きな問題ですが、外来生物であるアライグマやハクビシンによる農作物被害も無視できるものではありません。アライグマはトウモロコシやスイカなどを食べる農業被害を起こしています(**図4-7**)。また、アライグマやハクビシンなどは家屋に侵入してしまったり、神社などの文化財を壊してしまったりしていて、人間生活への影響も見られます。

遺伝的攪乱

外来生物との交配により、在来の野生生物が持っていた遺伝子に外来生物の遺伝子が混入し、在来生物個体群の遺伝子組成が変化すること。

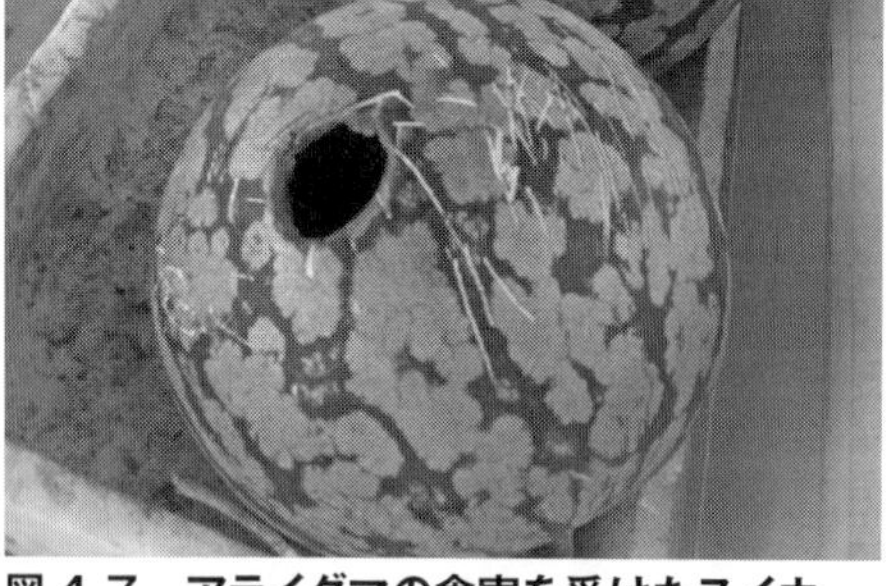

図 4-7　アライグマの食害を受けたスイカ

（加藤卓也氏提供）

⑤寄生虫や疾病の伝播

外来種の侵入によって病原生物がを持ち込まれてしまう可能性もあります。例えば、対馬ではイエネコによって持ち込まれたウイルスにツシマヤマネコが感染した事例があります。島という閉鎖的な空間に生息している在来種にとっては大きな脅威です。また、アライグマは日本国内で絶滅した狂犬病ウイルスを保有する可能性があるとして警戒されています。まだ日本ではそのような報告はありませんが、傷口などからヒトに感染し発症した場合には治療法がない、致死率の非常に高い感染症であるため、十分な注意が必要です。

外来種の根絶に向けた取り組み

野生化してしまった外来種を根絶することは相当難しいです。ヒトが外来種の定着に気付いたときには既に外来種の個体数や分布域が広がった後であることが多いです。ただ、国内では外来種の根絶に成功した事例がいくつかあります。その1つが、小笠原諸島において19世紀初頭に家畜として持ち込まれたヤギを島から完全に排除した事例です。環境省が主体となって大がかりな事業が行われ、その甲斐あって父島を除き、小笠原諸島の島々からはヤギを根絶できました。

また、奄美大島のマングース駆除事業が、２０００年から本格的に実施されてい

狂犬病

ウイルス性の感染症。狂犬病にかかった動物に咬まれるなどして、唾液等に含まれるウイルスが体内に侵入して感染する。発症してしまうと治療法がなく、ほぼ１００％死に至る。きわめて危険な感染症。

ます。ピーク時は島内に1万頭を超えるマングースがいましたが、近年非常に少ない個体数まで抑え込むことに成功し、この本を執筆中だった２０２４年9月、環境省はついに、完全に根絶できたことを宣言しました。この事例は、世界的に見ても大規模な外来種駆除の成功事例の１つでしょう。

いずれにせよ外来種を根絶するには膨大なお金と労力がかかります。お金をかけて排除できれば良いほうで、お金をかけても根絶できないことがほとんどで、本来の生態系をとり戻すことは極めて難しいのです。ただし、根絶が難しいからといってあきらめるわけにもいきません。もちろん、場当たり的に排除したり、駆除を進めてもよい結果が得られるものではありません。対象とする動物の特性を把握し、どのような方法で駆除や排除をしていくのか計画することが重要でしょう。そして、どれだけの効果があったのかを検証し、次の計画に反映させ、目標を定めていくという、順応的管理（１６５ページ）の考え方が大切です。

外来種の被害を予防する３大原則があります。「入れない」・「捨てない」・「拡げない」です。しっかりと予防できていれば、膨大な時間とお金をかけた排除事業は必要ないわけで、これが一番良い解決策であることは自明です。

4-4 わたしたちと動物と地球のこれから

地球カレンダーで昨年最後の1秒間に、ヒトの活動によって減少している哺乳類が多数いること、一方で近年の活動の変化によって増加している哺乳類がいること、さらにはヒトによって持ち込まれた哺乳類が急速に増加していることを説明しました。では、次の1秒間においてヒトの活動はどんな影響を与えるのでしょうか。

1秒後の世界

今後、世界の人口はさらに増え続け、2058年には100億人超の人口になると予想されています。2022年で80億人突破ですから、40年足らずで1・25倍と早い増加率を示しています。人間活動による環境変化は加速し、今以上に生物にとっても大きな影響を与えることが想像できます。一方、日本の人口は2100年におよそ6000万人、現在の半分ほどに減少すると予想されています。ヒトと動物との関係性は、他の国とは異なったものになっているのかもしれません。

気温も上昇の一途を辿《たど》っています。2050年には地球温暖化によって、日本国内でも47℃を越える酷暑日が来ることも予想されています。それに伴い、干ばつや自然災害も今以上に頻繁に起こることでしょう。およそ1秒後の2200年には平均気温で1・5℃の上昇が予測されています。ヒートアイランド現象もあいまって、都心部では仕事にならないほど灼熱の夏になってしまうのではないでしょうか。動植物への影響だけでなく、我々自身の生活も脅かされている可能性が高いのです。

　このような人口や気象の将来予測がある中、環境省では2030年までに国土の陸域・海域ともに30％以上を自然環境エリアとして保全することを目標に掲げました（2021年段階では陸域20・5％、海域13・3％が自然環境エリア）。この事業を30by30（サーティ・バイ・サーティ）と呼びます。

　絶滅リスクを高める温暖化対策としては、2050年までに温室効果ガスの排出を80％削減することを目指し、さまざまな取り組みが行われ始めています。また、二酸化炭素を吸収する機能として、藻場やマングローブ林などブルーカーボン生態系の保全、再生および創出に向けた取り組みも行われています。

　増加する哺乳類に対しては、2023年までに行われた抜本的な鳥獣捕獲強化対策（162ページ）をさらに継続させて、2028年までにニホンジカ155万頭、イノシシ60万頭に抑えこむことを目指しています。また、ツキノワグマをニホンジカやイノシシと同様に「指定管理鳥獣」の対象として計画的に捕獲することも、2024年4月から始まりました。20年、30年後の自然環境を見据えてさまざまな事業が国家レベルで行われ始めています。

ブルーカーボン

　海洋にある植物が光合成によって二酸化炭素を吸収し、長期間にわたり炭素の蓄積すること。陸生の植物による炭素の蓄積をグリーンカーボンと呼ぶ。

地球温暖化による影響

これから1秒後、さまざまな環境の変化が予想されますが、地球温暖化は看過できない課題の1つでしょう。20世紀の100年間で平均気温が世界中でおよそ0・6℃上昇したといわれています。これほどの急速な温度変化は過去2000年間ではありません。この急激な変化は、ほとんどの動物に対し影響があるといっても間違いないでしょう。例えば、寒冷な地域や高地などにのみ生息している哺乳類にとって、温暖化は減少の要因となりうるのではないでしょうか。移動できない動物や植物であれば絶滅もありえます。一方で、温暖な地域に生息する動物にとっては生息可能な場所が広がり、個体数の増加につながりうることもあるでしょう。地球温暖化に伴う動物への影響は、動物種によっても異なってくると考えられます。

地球温暖化は、主に二酸化炭素が大気中に多く放出されたことによって、温室効果ガスの濃度が上昇したことによって引き起こされています。温室効果ガスがなければ、地球は平均気温がマイナス18℃ほどの世界となり、とても動物が住める世界ではありません。適当な温室効果ガスがあることが望ましいのですが、現在はその濃度が急激に高くなってしまっています。

日本でも100年の間に1・1℃の上昇が観測されています。今後、このままのペースで温室効果ガスの濃度が高くなれば、平均気温が2〜4℃ほど上がるということです。**1-4**節でもお話ししましたが、数℃の違いは海水面の高さや植生を大きく変化させます。また、雨量が減少傾向にあって渇水の危険性も高まってきます。そうなれば、森林火災のリスクも非常に高くなり、野生動物にとって大きなリスクとなります。

当然ですが、我々人類にとっても気球温暖化は死活問題です。気温の上昇によって穀物の生産量が落ちているとする報告があります。人口は今世紀末には110億人を超えるとされていて、その中で食糧の生産量が低下するのであれば、発展途上国の人々をはじめ多くの方が貧栄養状態となることでしょう。さらには、地球温暖化による気候変動に起因する難民は数十年後には数億人レベルにまで上ると予測されています。日本では近年、夏の猛暑日が多くなっていますが、気温上昇によって死者が増えることも予想されています。野生動物に限らず我々自身の未来（しかも、そんなに遠くない未来）を考えると、地球温暖化から目をそらすことは決してできず、対策が必要な喫緊の課題です。

そこで日本では2020年に、当時の菅首相が30年後の2050年までにカーボンニュートラル（脱炭素）を宣言しました。すなわち、近い未来までに気候変動の要因である温室効果ガスの排出量と吸収量を均衡させ、地球温暖化を防ぐことを目標としたものです。温室効果ガスには、人間活動によって排出される二酸化炭素やメタン、それにフロンガスなどが含まれます。この温室効果ガスの排出量として火力発電による二酸化炭素の排出量が大きな割合となっているので、近年では温室効果ガスを削減する努力（技術）が求められています。さらには、どうしても排出される温室効果ガスを、二酸化炭素やメタンを吸収する作用を持つマングローブ林などの森林や藻場などの拡大、さらには技術的な温室ガスの除去の促進などを拡大することによって、温室効果ガス収支をゼロにしようということです。２０５０年までの実現は大変困難な課題であることに間違いありませんが、日本の技術力によって世界の共通目標である地球温暖化を抑えることにつながることを願うばかりです。

今年のカレンダーは

現在を1月1日の0時0分としたとき、地球カレンダーはいつまで続くのでしょうか。地球は太陽系の中の1つの星です。太陽の表面温度は６０００℃ほどで、放射されるエネルギーの量によって地球が温められています。太陽がなければ地球はすべて凍ってしまい、生命は存続できないでしょう。その太陽は、あと50億年ほど輝くと推定されています。50億年後には太陽が膨張していき、数百倍に大きくなった太陽は地球を飲み込んでしまうことも推測されています。すなわち、地球カレンダーはあと1年間しか残っていないといえます。

地球カレンダーの「今年」、地球の温度はどんどん変化していきます。太陽の膨張が生じる前から、太陽の温度は上昇し、6月ごろ（約28億年後）には、微生物さえも住むことができない地球になるだろうと推測する研究者もいます。当然、それよりもかなり前の2月上旬ほど（約5億年後）には、植物も動物もこの地球上にはいないことが推測されています。植物の多くが光合成できなくなって絶滅すれば、地球の酸素濃度は低下して、動物の生存は難しいでしょう。

大陸の移動による超大陸の形成が起きることも予測されています。昨年12月中旬（2億5千年前）、地球には大きな1つの大陸（超大陸と呼ばれています）があって、それらが分裂していき、現在の諸大陸の位置になっています。それよりも前の11月中旬（6億年前）にも超大陸が存在し、時間とともに分裂していきました。つまり、大陸がゆっくりと移動して、くっついたり離れたりすることがおよそ3～5億年の周期で繰り返されていたと考えられています（ウィルソンサイクルといいます）。今年も大陸は移動し続け、数か月（数億年）先に再び大きな超大陸になるのではないかと推定されています。それが3億年先であるとすれば、昨年の12月中旬から約1か月半後の今年の1月下旬ぐらいの出来事になります。そのときに形成された超大陸には気温50℃近い世界が広がっていることが近年予測されています。ほとんどの哺乳類が生きることができない世界でしょう。

こんな環境の中、人類は生きていくことができるのでしょうか。それとも、地球以外の星で生活できるようになっているのでしょうか。現段階では誰もわかりませんが、1月下旬の段階で人類を含めた哺乳類が地球上で絶滅を迎えるとすれば、人類が生存できるのはあと1か月間もないことになります。もしも余命が残り1か月と伝えられたならば、多くのヒトは1秒1秒を大事にし、残された時間を今以上に大切に生きたいと思うのではないでしょうか。

これから1秒後の1月1日午前0時0分1秒（145年後）の地球上には、現在

ウィルソンサイクル

カナダの地質学者ジョン・ツゾー・ウィルソンが提唱した概念で、地球の大陸は数億年のスケールで超大陸の形成と分裂が起きていることを示した。

地球上に生きているヒトは誰一人残っていません。それでも、地球カレンダーの1秒先、1分先、1時間先に思いを馳せて、行動することがあってもよいのかもしれません。それは、生物の運命、ひいては人類の運命を変えていくことになるでしょう。近年、さまざまな国々が自国ファーストの経済や防衛を声高く主張する時代となっていますが、地球の時間軸で見れば人類は運命共同体であり、一丸となって取り組むべき喫緊の課題があるように思えてなりません。皆さんはいかがお考えでしょうか。哺乳類について学んだことを契機に考えていただくことにつながれば幸甚です。

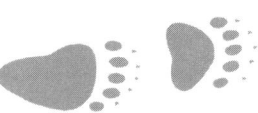

おわりに

「哺乳類学」とはどのような学問なのでしょうか。「哺乳類学」は英語でいうとMammalogyで、-logyは「論理」なので、直訳すれば「哺乳類に関する論理」となります。そうであるならば、哺乳類の分類に関する論理も、哺乳類の形態に関する論理も、哺乳類の生態に関する論理も「哺乳類に関する論理」に含まれるでしょう。哺乳類学というのは、対象としている生物は哺乳類だけと限定的である一方、学問領域は分類学であり、形態学であり、生態学でもある複合的な学問といえます。すなわち、哺乳類に関する生命現象を理解する学問であれば、すべてが哺乳類学に含まれるでしょう。

では、大学などの教育機関で「哺乳類学」を学ぶ機会はあるのでしょうか。ありそうな気もしますが、私が知る限りそのような科目名が設置されている大学はないように思います。生物系の学部・学科であれば、生理学、遺伝学、生態学をそれぞれに学びますが、対象としている生物は哺乳類に限定されているわけではありません。一方で獣医学部であれば、主に「哺乳類」を対象とした動物の生理学や繁殖学などを学ぶ機会は多くあり、それら知識を総合すると「哺乳類学」になりますが、哺乳類の中での対象はイヌやネコなどの伴侶動物に重点を置くことが多く、野生に生息する哺乳類が対象となることが少ないのも事実かと思います。結局、「哺乳類学」が対象とする種は相当数いて、かつ学問領域も多岐にわたっていることから、それを網羅するような講義は難しいといえるでしょう。

一方、私は現在、大学で「野生動物学」の講義や実習を担当しています。獣医学系の他大学でも、カリキュラムを拝見する限り、「野生動物学」という名の科目は、哺乳類学と野生動物学が同義として使われているように思います。先ほどの「哺乳類学」とはどのような学問かという問いを「野生動物学」に置き換えれば、野生動物学の学問領域は「野生動物に関する論理」ということになります。野生動物とは自然に生息する動物全てを指すわけであり、広義の意味では哺乳類に限らず鳥類や魚類、さらには昆虫を含めた動物全般が「野生動物」です。学問領域が広範囲だけでなく、対象とする動物の種類もとてつもなく広く、講義および実習で学生達に伝えようとするたびに、その学問領域の広さ、対象動物の多さを痛感させられます。とても一人で全てを網羅できる範囲ではないというのが、率直な思いです。

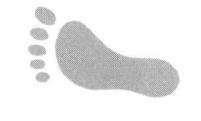

これまで私は動物生態学を専門分野として研究を行ってきました。哺乳類やサケ科などの魚類を含む野生動物を対象とした生態学です。したがって、野生動物学あるいは哺乳類学に携わっていることには間違いありませんが、研究している領域も、対象種も、ほんの一部でしかありません。ただ、多くの大学では教員数が十分でない中でさまざまな科目を設置しており、必然的に専門分野以外も伝えなければならない状況が生じています。このような状況になることに対し不平不満を言えば尽きないのかもしれませんが、一方でさまざまな学問領域を学ぶ機会が与えられ、ぜいたくな（?）環境が用意されて

いるとも捉えることができます。本書もそのような状況下で私自身が学び、学生に伝えてきたことを基にし、さらにいくつか肉付けさせてまとめてみました。

幸いにも、私が所属する獣医系の大学では各分野の専門家もいます。そのような恵まれた環境で、専門家のご意見やお話をうかがうことができたのは、非常に幸運でありました。生態学の分野に限らず他の学問領域を本書で紹介することができたのは、日本獣医生命科学大学の山本昌美先生、吉村久志先生、嶌本樹先生、加藤卓也先生など多くの先生方にご指導いただいたことに尽きます。また、本書の構成や内容の確認などにおいて、大学院生の鈴木遼太郎さん、図書館員であった関口裕子さん、それにNPO法人ピッキオの玉谷宏夫さんら多くの方々にたくさんのご協力をいただきました。

また、かわいらしい絵がたくさんあったほうが興味を持ちやすいのではないかと思い、イラストレーターのちなきのこさんをはじめ、本研究室の学生である飯沼理瑚さん、梶田実希さん、田中美音さんにお願いして、素敵な絵をたくさん描いていただきました。心より感謝申し上げます。さらには、文一総合出版の菊地千尋さん、須藤哲平さんにはたくさんのコメントをいただき、このような本を作成することに漕ぎ着けることが出来ました。ご協力いただいたすべての方々に対し、お礼申し上げて脱稿します。本当にありがとうございました。

著　者

２０２４年10月

参考文献

穴釜雄三 (1975) 乳学. 光琳書院
浅利昌男・大石元治 (2015) ビジュアルで学ぶ伴侶動物解剖生理学. 緑書房.
Austin C.R., Short R.V. (1982) Reproduction in Mammals. 2nd Edition. Cambridge University Press.
Brusca R.C., Morre W., Shuster S.M. (2016) Invertebrates 3rd edition. Oxford. University Press.
Burgin C.J., Wilson D.E., Mittermeier R.A., Rylands A.B., Lacher T.E., Sechrest W. (2020) Illustrated Checklists of the Mammals of the World. Lynx Nature Books.
Flindt R. (2006) Amazing Numbers in Biology. Springer.
羽山伸一・三浦慎吾・梶光一・鈴木正嗣編 (2012) 野生動物管理―理論と技術―. 文永堂出版.
岩堀修明 (2014) 内臓の進化（ブルーバックス）. 講談社.
Jouzel, J. et al. (2007) Orbital and Millennial Antarctic Climate Variability over the Past 800,000 Years. Science, 317(5839), 793-797, Science.
環境省生物多様性センター (2019) 平成 30 年度中大型哺乳類分布調査業務 調査報告書 クマ類（ヒグマ・ツキノワグマ）・カモシカ GIS データ.
環境省 (2020) 環境省レッドリスト 2020.
環境省 (2021) 令和 2 年度ニホンジカ及びイノシシの個体数推定及び生息状況等調査報告書 GIS データ.
環境省 (2019) 2017 年度ニホンザル生息状況調査報告書.
片岡啓 (1985) 各種哺乳動物の乳成分組成の比較. 岡山実験動物研究会報, 3. 24-32.
小池伸介・佐藤淳・佐々木基樹・江成広斗 (2022) 哺乳類学. 東京大学出版会.
近藤敬治 (2013) 日本産哺乳動物毛図鑑: 走査電子顕微鏡で見る毛の形態. 北海道大学図書刊行会.
那須孝悌 (1980) ウルム氷期最盛期の古植生について. 文部省科学研究費補助金総合研究（A）ウルム氷期以降の生物地理に関する総合研究. 昭和 54 年度報告書 55-66.
日本野生動物医学会編 (2015) コアカリ野生動物学. 文永堂出版.
Ohdachi S.D., Ishibashi Y.; Iwasa M.A., Fukui D., Saitoh T. (2015) The Wild Mammals of Japan. 2nd edition. Shoukadoh Book Sellers and The Mammal Society of Japan.
大井徹 (2009) ツキノワグマ：クマと森の生物学. 東海大学出版会.
大町山岳博物館編 (1991) カモシカ：氷河期に生きた動物. 信濃毎日出版社.
高槻成紀・粕谷俊雄編 (2020) 哺乳類の生物学 (全５巻). 東京大学出版会.
吉岡邦二 (1973) 植物地理学 (生態学講座 12). 共立出版.

作画・作図担当

飯沼凛瑚

目次，章見出し動物
カット　p. 10～12，14，26（フィリピンヒヨケザル），29，48，63，168，169
図 1-2，3-2

梶田実希

動物の足跡
カット　p. 12，26（ツチブタ），47，53，57，59，67，70，71，73，77
図 1-6，1-9，2-3～10，2-13，2-20～26，3-7，3-14，3-16，4-2，4-6

田中美音

著者キャラクター
カット　p. 100，101, 135
図 1-1，1-3，1-7，1-8，2-2，3-3，3-5，3-6, 3-8，3-10，3-12，3-13，3-15，3-24，3-27，4-1，4-6

山本俊昭

図 1-6～8，2-1

図表一覧

【ヤ行】

【ラ・ワ行】

【タ行】

索　引

イタリック体（斜字体）の数字は脚注で解説しているページを示します。

著者紹介

山本 俊昭（やまもと としあき）

日本獣医生命科学大学 獣医保健学部 獣医保健看護学科　教授

1973 年鳥取県生まれ。北海道大学大学院農学研究科 博士後期課程修了。博士（農学）。2010 年より NPO 法人ピッキオ 理事。

哺乳類だけでなく、魚類の生態も追いかけている。いつか、サケを食べるクマを研究したいと密かに思っている今日この頃。

はじめて学《まな》ぶ哺乳類《ほにゅうるい》

2024 年 12 月 24 日　初版第 1 刷発行

著　者　山本《やまもと》俊昭《としあき》

本文イラスト　飯沼凜瑚、 梶田実希、 田中美音

装　画　ちなきのこ

協　力　嶌本樹、 鈴木遼太郎、 関口裕子、 玉谷宏夫、 山本昌美、 吉村久志

写真提供　NPO 法人ピッキオ、 伊藤元裕……井村潤太、 加藤卓也、 富安洵平、
野澤重穂

発行者　斉藤　博

発行所　株式会社　文一総合出版

〒102-0074

東京都千代田区九段南 3-2-5

ハトヤ九段ビル 4F

tel. 03-6261-4105

fax. 03-6261-4236

印刷・製本　モリモト印刷株式会社

NDC 489　A5 判　148 × 210 mm　192 p.